宠物医生 请告诉我

关于 猫咪 的一切

宫下广子 著
猫日和 编辑部 编
彭逸飞 译

最有用的
宠物丛书系列

图书在版编目（CIP）数据

宠物医生　请告诉我关于猫咪的一切／（日）宫下广
子著；彭逸飞译. -- 石家庄：河北科学技术出版社，
2025. 1. -- ISBN 978-7-5717-2281-4

Ⅰ. S829.3

中国国家版本馆 CIP 数据核字第 20250LQ060 号

JUUISAN, KIKIZURAI "NEKO" NO KOTO ZENBU OSHIETEKUDASAI! by Hiroko Miyashita

Copyright © Nitto Shoin Honsha Co., Ltd. 2023

All rights reserved.

Original Japanese edition published by NITTOSHOINHONSHA CO., LTD.

This Simplified Chinese language edition is published by arrangement with

NITTOSHOINHONSHA CO., LTD., Tokyo in care of Tuttle-Mori Agency, Inc., Tokyo

through Inbooker Cultural Development (Beijing) Co., Ltd.

本书由日本特殊陶業株式会社授权河北优盛文化有限公司出品并由河北科学技术出版社
在中国范围内独家出版本书中文简体字版本。

版权所有，翻印必究

著作权合同登记号：图字 03-2024-077

宠物医生，请告诉我关于猫咪的一切

宫下广子 著　猫日和编辑部 编　彭逸飞 译

责任编辑：	刘建鑫
责任校对：	李嘉腾
美术编辑：	张　帆
策划编辑：	杜若婷
装帧设计：	张　晴　章　越

出版发行	河北科学技术出版社
地　　址	石家庄市友谊北大街 330 号（邮编：050061）
印　　刷	河北万卷印刷有限公司
开　　本	880mm×1230mm　1/32
印　　张	4.5
字　　数	11 万千字
版　　次	2025 年 1 月第 1 版
印　　次	2025 年 1 月第 1 次印刷
书　　号	978-7-5717-2281-4
定　　价	68.00 元

您的猫咪多久去一次动物医院呢？

多数猫咪只是每年去注射一次疫苗，每年或每两年去做一次例行检查；也有一些猫咪出现任何异常情况，就会随时被带去看医生；对于有慢性疾病的猫咪，甚至需要每周去数次。还有一些猫咪，因为主人认为它们很健康，已经很多年没有去过医院了。

为了保护爱猫的健康，使它们能够在没有病痛烦恼的状态下生活，动物医院是必不可少的。与可信赖的宠物医生建立良好的关系对于饲养宠物来说非常的重要。

但是，越来越多的宠物主人们抱怨他们无法与宠物医生顺畅地沟通，有些时候想问的问题难以启齿，有些时候医生的解释难以理解……另一方面，也有不少宠物医生在探索如何向宠物主人简明和准确地解释以及如何让宠物主人们安心的沟通方法等，因此在本书中，我们邀请了一位宠物医生回答了宠物主人们提出的各种问题和疑惑，以帮助宠物主人们更好地理解宠物医生和动物医院。

担任本书顾问的是宫下广子（Hiroko Miyashita）老师。她不仅有丰富的临床经验，还作为专职顾问为大约 2700 名护士、动物医生和大约 6200 名猫咪主人提供了技术指导和心理咨询。此外，她自己也是一位猫咪主人，与领养的猫咪一起生活。

可信赖的宠物医生是猫咪的强大后盾！

在本书中，宫下老师以宠物医生、顾问和猫咪主人这三个身份，为我们详细解答了关于宠物医生、猫咪的医疗问题等方面的疑问。通过本书，读者们不仅能够了解到如何与宠物医生交流和打交道，也能掌握许多作为猫主人所需要学习的科学理念。

不过，因为各地的动物医院和宠物医生存在区别，本书所写的内容并非统一答案，但它仍可以作为一本参考书，帮助您解决许多有关猫咪健康方面的困惑和疑虑。同时，我们也鼓励宠物主人们多去宠物医院，并与医生们探讨关于爱猫的各种问题。医生们与各位宠物主人一样，都想要保护您的爱猫的健康和生命，他们是您和您的爱猫值得信任和托付的伙伴。

如果本书能对此有所助益，我们将会感到非常荣幸。

——猫日和编辑部

1 **PART**

金钱支出

2 **PART**

猫咪

3 PART

动物医疗

4 PART

宠物医生

5 PART

宠物主人

金钱支出

金钱问题是养猫必须考虑的事情。特别是在动物医院时，诊疗和药物费用的收取标准常常不容易被理解，有时甚至会出现尴尬和矛盾的场面。

因此，让我们提前了解与爱猫健康相关的金钱问题吧。

动物医院的治疗费是如何确定的？
为什么每家医院的价格会有区别？

🐾 由医院自行定价的自由诊疗

以修剪指甲为例，A 宠物医院为爱猫提供免费的修剪服务，而 B 医院收 20 元，C 医院则收 60 元等现象十分常见，即使是相同的治疗措施，在不同的动物医院收费也会有所不同。如果涉及手术或住院治疗，费用的差异往往会更加显著，对宠物主人的开支产生更大的影响，也会直接影响他们为猫咪选择的治疗方式。

这是因为与人类医疗不同的是，动物医院是自由诊疗，因此法律上不允许宠物医生或医院之间商定治疗费用，每个动物医院都自行决定定价。治疗费用涉及药品费、检查设备的维护费、提供诊疗技术所需的人力成本（如教育培训、治疗时间和相关人员的工资等），这些费用都会反映在定价上。但是，不同医院反映的成本可能会有所不同。例如，夜间急诊医院的收费较高，是因为他们不但提供高度先进的医疗服务，并且在其他医院已经结束营业的夜间也能够迅速组织专业团队为猫咪进行诊疗。此外，大学附属医院和近年来崛起的高级医疗机构由于拥有专业的知识和技术，并且使用昂贵的医疗设备，也使得诊疗费用比其他动物医院更加高昂。

🐾 宠物医院是服务行业

不要将宠物医院当作医疗机构，将他们归属于服务业能帮助我们更好地理解它们的定价。例如，有些动物医院利用豪华的室内装修和细致的服务等来提升其附加价值，这可以被认为是根据市场需求而衍生出的理念。考虑到医院租金和增值设施费用，必然会导致费用增加。像酒店和餐厅一样，这已经不是针对猫咪本身，而是针对其主人的服务。另一方面，有一些宠物医院还为动物保护人士和组织提供服务，会针对流浪猫或被领养的猫咪提供低价的诊疗和服务，这也可以被看作是为了满足需求所设计的理念。

总之，不能仅根据诊疗价格的高低来判断服务品质的好坏。即使价格便宜，但使宠物主人感到担忧和不安，就仍存在问题；相反，即使价格高昂，但治疗和服务让人感到满意和放心，就物有所值。

多样化的自由诊疗，是宠物医院独特的经营理念

为什么药品的价格也因医院而异呢？

猫咪可以使用市面上销售的人类用药吗？

🐾 适合于爱宠个体的配药技术

之所以在不同的宠物医院药品的价格不同，是因为各医院从供应商那里购入药品的费用标准也有所不同。医院的药品价格通常是参考进货价格自由设定的。由于宠物药物本身不适用于医疗保险，因此药品价格比人类用药要高。有些药物的费用每月可以达到上千元，如果需要长期服用，将会是一笔相当大的开销。

虽然药物像治疗费一样属于自由诊疗范畴，但是想要通过药品费用来获得利润的宠物医院并不多，所以各家医院之间的药费差异不会太大。

最近，除了药物本身的价格外，一些动物医院也会加收配药技术费。根据动物体重的不同，例如幼猫需要减少剂量，医院会将药物切成小块并分袋包装。另外，由于给猫咪喂药很困难，有时会改变药物形态（粉末、糖浆、胶囊等），以便猫咪更容易服用，这也会使得费用增加。如果不需要分袋包装，而是直接提供药片，费用可能会便宜一些，通常只需要几百或几十日元。如果想要节省配药技术费的话，主人们可以考虑使用市售的药片切割器、胶囊制作器等工具将药物分割、制成粉末或装入胶囊中。不过，这对于需要精确调配的药物或者在医院政策不允许的情况下可能不适用。

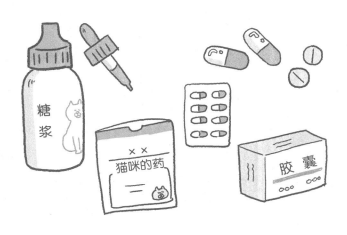

🐾 使用市售药物之前
请一定先向医生确认

人类用的市售非处方药可能会有相似或相同的名称和功效，但即使外表看起来完全相同，其具体成分的含量也可能不同，因此在使用前请务必向宠物医生咨询，并向医生展示实物进行确认。尤其是外用药，例如即使是可以随意在药店买到的滴眼液或皮肤擦剂等，也不要掉以轻心，请务必确认后再使用。

人类药品的种类繁多，浓度也从低到高不等，因此需要特别注意。如果不小心被给予高浓度的药物，对于体型较小的动物来说会是致命的。因此，宠物主人们一定要保持小心谨慎的态度，不要擅自决定药品的使用。

另外，请主人们确认和记录宠物服用过的或正在服用的药物名称，以便在突发状况下可以安心地前往不同的医院诊疗。

医保不适用于宠物，因此宠物用药价格会稍贵，如果要给爱宠使用人类药物，请先征求宠物医生的意见。

请告诉我各种手术、检查和治疗的大致费用

🐾 医院之间的收费存在很大的差异

虽然在前面提到过，因为宠物医疗属于自由诊疗的范畴，因此不同医院之间的收费会存在很大的差异，但想必许多人都想知道各种项目的大致价格，因此，虽然实际情况是很难给出明确的答案，我们还是依据相关机构调查公布的数据列出了一些常见项目的费用，供您作为大致参考。

🐾 实际费用因个体差异而异

由于手术费用会受到疾病、猫的体型、年龄等因素的影响，加之术前血液检查的种类和项目的不同，因此治疗的总费用也会有所不同。有些宠物医院会将术前检查、麻醉、住院、药品、拆线等合并后提供价格，也有很多医院会逐条罗列出单项价格。

另外，与手术有关的医护人员数量也因医院而异，这些都可能反映在价格上。例如，在进行猫绝育手术时，如果需要住院一晚等麻醉药消退后再观察情况才能出院，这种情况下还需要支付住院费用；但如果是猫咪主人早上送去晚上接回来的情况，就不需要支付住院费用了。需要注意的是，有些医院即使猫咪没有住院，也会收取入院费或寄养费。

今天起，吃便宜的猫粮也可以哦……

即使是相同的治疗方法，医院的收费也可能存在差异，因此很难给出准确的参考价格。

此外，对于母猫来说，子宫和卵巢同时切除手术、仅卵巢切除手术等不同的手术方式也会导致麻醉费用和手术费用的不同，因此费用差异也很大。

尿液检查也是如此。尿液检查需要检测猫咪体内的蛋白质、糖等营养物质是否正常代谢。与人类不同，动物很难提供纯净的尿液，因此需要使用离心分离机，用显微镜观察沉淀物，有时还需要使用导尿管进行导尿或直接用针刺入膀胱进行膀胱穿刺取样。在这种情况下，医生需要使用超声波检测仪来确认膀胱的位置，这种检查需要包括兽医在内的多人配合进行。因为尿液检查的方法多种多样，所以费用也会有所不同。

请告诉我各种手术、检查和治疗的大致费用

🐾 预防

◎ 三联疫苗：200 ～ 300 元

◎ 五联疫苗：300 ～ 400 元

◎ 驱虫：80 ～ 120 元 / 次

🐾 检查

◎ 血液检查（详见第 63 ～ 64 页）

CBC（血常规检查）：80 ～ 200 元

生化检查：200 ～ 300 元 + 可选项目 500 元

SAA（血清淀粉样蛋白检查 ※ 炎症指标）：80 ～ 300 元

SDMA（肾功能检查）：100 ～ 300 元

甲状腺激素检查（例如：四碘甲状腺原氨酸）：150 ～ 300 元

◎ 病毒检查（猫艾滋病、猫白血病）：90 ～ 200 元

◎ 膀胱穿刺：80 ～ 150 元

◎ 内窥镜检查：1000 ～ 3000 元

◎ 尿液检查：35 ～ 70 元

◎ 粪便检查：35 ～ 100 元

◎ X 射线检查：100 ～ 500 元

※ 根据检查部位和拍摄次数的不同有所差异（不含造影剂费用）。

◎ 超声检查：300 ～ 500 元

※ 根据检查部位的不同而有差异。

◎ 血压测定：30 ～ 80 元

◎ CT 检查：1500 ～ 2500 元

◎ MRI（磁共振检查）：2000 ～ 5000 元

◎健康检查（核磁共振）：200 ～ 1200 元

🐾 手术、治疗

◎绝育（阉割手术）：150 ～ 800 元

◎绝育（卵巢、子宫切除手术）：500 ～ 1500 元

※ 未怀孕时

◎洗牙：200 ～ 500 元

◎拔牙：100 ～ 500 元

◎膀胱结石手术：1500 ～ 2000 元

◎肠梗阻手术：1500 ～ 4000 元

◎腹膜透析：200 ～ 1000 元

◎乳腺肿瘤手术：1000 ～ 2500 元

◎癌症放射治疗：5 万～ 10 万元

◎抗癌药物治疗：5 万～ 10 万元

（放射治疗和抗癌药物治疗的费用仅供参考，根据疾病种类和治疗次数而异。

※ 例如针对淋巴瘤的抗癌药物治疗每次 1500 ～ 2000 元不等）

◎免疫细胞疗法：5000 ～ 20000 元

◎住院费：50 ～ 100 元／天

◎全身麻醉：500 ～ 800 元

参考《2023 年宠物数字化保险行业发展洞察趋势白皮书》中的数据计算得出。

🐾 令人安心的预先报价

有些动物医院会针对手术时使用的麻醉药品的种类、动物的品种和体重等进行详细的价格设定。即使疾病和手术相同，但因动物的身体状况和可能出现的并发症等原因，也会导致住院时间有可能超出预计。另外，如果是夜间急诊或在营业时间之外的诊疗，费用也会相应比基本费用高，这是因为增加了夜班工作人员的工资以及应急设备等费用。

由于宠物的手术费用往往较高，最近一些医院开始提供事先报价的服务。这样可以帮助宠物主人清楚地了解术前检查和全身麻醉等详细明细，使人感到放心。此外，即使手术顺利完成，也可能还需要进行一段时间的喂药或术后观察，如一周后、一个月后等，每次都会产生相应的费用，需要事先考虑到这些费用。

请告诉我各种手术、检查和治疗的大致费用

🐾 宠物保险也是一种选择

即使是价格相对较低的医院，手术或高级治疗的费用对于没有购买健康保险的猫咪主人来说也会是一笔不小的负担。这也是近年来出现多样化宠物保险的背景之一。即使是年轻健康的猫，在七八岁后也可能出现各种不适，这一点与人类也相同。

随着动物医疗行业的不断发展，出现了许多治愈可能性较高、有效缓解宠物疼痛等的诊疗方法，十分有益于提高宠物的生活质量。

对于想为爱猫提供最好的护理，同时又不想为金钱所烦恼的主人来说，购买宠物保险的方法是值得考虑的。宠物保险是医疗保险，可以补偿 50%～70%，甚至是 100% 的诊疗费用，如门诊、住院、手术等，但不涵盖死亡赔偿。由于有年度费用限额、次数限额、年龄限制、仅针对手术等各种不同的保险产品，因此需要主人们考虑爱猫的年龄、健康状况和自身家庭情况等，选择适合您和您的爱猫的保险产品。

"受益人是谁呢？"

"是主人的保险单哦"

以下是您考虑购买宠物保险时的注意事项，请参考。

关于保险，需要检查的事项

☐ 加入和更新保险时的年龄限制　　☐ 赔偿限额（次数、天数、金额）

☐ 赔偿范围（门诊、住院、手术）　　☐ 是否有免责条款

☐ 赔偿比例　　☐ 保险费是定额的还是非定额的

为猫咪准备多少保险和存款比较好呢？

不想为金钱问题所困扰的话，

🐾 猫咪的平均
医疗费用为每年 2300 元

为了应对猫咪发生意外的可能性，有备无患十分重要。首先，让我们考虑需要准备多少费用。根据《2023 年宠物数字化保险行业发展洞察趋势白皮书》数据，包括治疗费用、疫苗和健康检查在内的猫咪的平均医疗费用为每年 2300 元。由于猫的平均寿命为 14.4 岁，根据计算，其生命周期的医疗费用为 3 万多元。如果将保险费假定为 2000 元每年，按平均寿命计算，总共需要 6 万多元的医疗费和保险费。

与人类不同，由于猫咪无法享受国家医疗保险，所以手术、抗癌治疗等费用很容易超过数千元，甚至在某些情况下可能超过数万元。不过，也有可能猫咪一生都不会得大病，因此只需要支付极少量的医疗费用。但是，这些都是无法预测的。

🐾 当有准备时,
即使出现紧急情况也能不慌不忙

有的主人为了让爱猫得到最好的治疗而背负了巨大的债务,也有一些主人由于经济问题而放弃为猫咪治疗并一直为此后悔。总之,准备越充分,就越放心。在您的能力范围内做好准备,以备不时之需是很重要的。正如第 10 ~ 11 页所述,我们认为考虑投保宠物保险是一个不错的选择;或者,您也可以将保险费用储存在银行账户中,每月计划储蓄也是一个不错的选择。

我们建议存储大约两万元的诊查和治疗费用,您可以设定每月的存储目标,将这些资金存放在为爱猫专设的储蓄罐或银行账户中。使用专设的存储罐或账户可以让您感到安心,并有助于保持心态的稳定。

建议储蓄两万元左右的诊查和治疗费用,并为爱猫设立专用的储蓄罐或银行账户。

猫咪的年度支出(项目:金额)

项目	金额
治疗费	1500 元
疫苗、健康检查等	600 元
食品	2500 元
营养品	260 元
宠物保险	2000 元
日用品	800 元
光热水电等	300 元
其他	500 元
总计	8460 元

资料来源:《2023 年宠物数字化保险行业发展洞察趋势白皮书》

"猫热潮"现象让网络和书籍上都充满了与猫有关的信息,包括猫咪的饮食、卫生、牙齿清洁以及与交配有关的事情等等。试着从这些信息中辨别科学的知识吧。

猫咪

👣 定制一个宠物旅行箱

宠物医院的候诊室中往往充满了各种动物的声音和气味，这种陌生的环境对于一些胆小的宠物来说会感到非常大的压力。针对这种现象，一些医院已经开始将等候空间分为狗和猫的区域，但对于敏感的猫咪来说，它们仍然能感觉到彼此的存在，所以即使只是被带到候诊室这个陌生的地方，它们也会感到相当害怕。

为了缓解猫咪的这种状况，猫主人可以先和医院工作人员打个招呼，然后带着猫咪去找一个例如私家车内等私密的空间等待。另外，有些宠物容易在狭小的空间中安静下来，因此主人们可以提前准备一个宠物旅行箱，并用浴巾或毛毯盖住箱体，以减少来自外部的声音和光线的干扰。

还有一个小技巧是平时就在旅行箱中放入带有主人气味的毛巾或小玩具，并允许猫咪自由进出，以便让它们习惯旅行箱而不是把箱子看作一个讨厌的地方。

在选择旅行箱时，推荐用顶部开口的款式。因为如果门在侧面，医生在诊查时就不得不从侧面将猫咪拉出来，这会给胆怯的猫咪造成压力。此外，在需要注射或者输液的时候，顶部开口的旅行箱可以起到简单的约束作用。

此外，对于声音敏感的猫咪，有些主人们会在旅行箱的手柄上缠上丝带等柔软的针织物，以减少在移动时箱子发出的响声。还有一些主人也会在诊查后通过旅行箱的缝隙喂给猫咪一些它们喜欢的零食或对着它们说几句话，主人的陪伴会给宠物带来巨大的安全感。

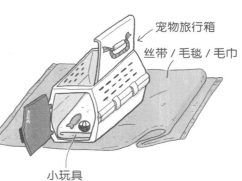

宠物旅行箱
丝带／毛毯／毛巾
小玩具

🐾 万能的洗衣袋

　　有些人在带猫咪出去时会把它放在洗衣网或其他类似的袋子里。对于猫咪来说，袋子内的网状结构是一个出乎意料的安心之所。洗衣袋不但看起来柔软舒适贴合身体，还可以让猫咪适当地看到周围环境。但是对于胆小的猫来说，最好事先让它适应一下，平常可以在家利用奖励小零食的方法，训练猫咪在洗衣网上或进入网内玩耍等。

　　如果是新的洗衣网，由于含有胶水的关系，最好事先用水清洗一次。对于一些较硬的类型，可以在水中加入一些氯系漂白剂浸泡一段时间来使它变得柔软。总之，在使用之前，请确保洗衣网已经被洗干净并且没有其他气味。

巧妙利用毛毯或浴巾来打消猫咪对于陌生环境的不安感

😺 帮助猫咪镇静下来的信息素制剂

此外，还有一种用于安抚猫或缓解其压力的信息素药剂。动物诊所有时会在等候室或诊疗室中放置含有这种制剂的扩散器，因此您可能见过它们。信息素是由动物或昆虫体内分泌的化学物质，用于同种之间的沟通。由于这种制剂是猫科动物独特的面部信息素，因此人类无法对其产生反应，但它对于猫咪来说具有安抚和放松的效果。

这种制剂有扩散型和喷雾型两种类型，通过在提前准备好的猫笼、毛巾、汽车内等地方释放或喷洒制剂，可以减轻猫咪在候诊时的恐惧感。然而，效果可能因个体而异，因此我们建议您先试用一下，并观察其长期效果。另外，研究证明信息素药剂还可用于猫咪的不当行为（例如抓挠家具）或不当排泄等的控制。

毛巾

😺 浴巾战术

即使使用了上述各种各样的措施，仍有些猫咪进入诊疗室后会感到非常害怕。这时，可以请求医生让猫咪待在旅行箱中等待一会儿。上检查台后，不妨试试用浴巾或毯子遮住猫咪的头部，通过阻挡视线来减轻它们的恐惧感。

猫咪在候诊室里很害怕，有什么缓解措施吗？

🐾 猫用的抗焦虑药和安眠药

对于极度害怕的猫咪，有时可以让医生开具抗焦虑药物并在带猫咪来医院之前先给它们服用。虽然这种情况很少见，但这可以减轻动物的精神负担，如果觉得有这种需求的话建议向医生咨询。

猫科动物信息素药剂

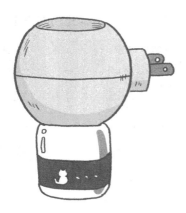

扩散型：
需要插入插座使用。由于能够将成分扩散到整个房间，因此推荐在搬家或环境被重新布置等场景时使用。

喷雾型：
由于可以直接喷洒，因此可以在旅行包、毛巾和家中等地方，以针对性的方式（例如改善某种行为或特定区域）喷洒到需要调整的地方，可以得到立竿见影的效果。

🐾 跳蚤和蜱虫
也会影响人类的健康

针对猫的预防药有涂抹型和口服型等多种不同种类可供选择。关于是否推荐使用预防药，兽医界存在不同的观点和政策，就像疫苗一样，一直存在讨论，因此很难明确说哪种观点是正确的。然而，如果将使用预防药的风险与不使用预防药的风险进行比较，可以说不使用的风险更高。

经常可以听到人们不想给猫咪使用药物的声音，毕竟尽量避免使用不必要的药物是人们的习惯。但是跳蚤和蜱虫不仅会对猫的健康产生影响，也会对人类的健康产生影响。有关人类感染的病例中，还报告了因携带病毒的蜱虫引起的发热伴血小板减少综合征（SFTS）导致的死亡。这种蜱虫在全国范围内都有发现。虽然触摸到附着在猫身上的蜱虫并不会导致感染，但如果被咬伤，就会存在感染的风险。

即使是完全室内饲养，跳蚤和蜱虫也有可能从打开的窗户进入或从室外被带入，将猫寄养在宠物店或带去宠物医院时也有被附着的风险。如果发现爱猫已经被蜱虫叮咬，请务必向宠物医院咨询医治，切勿强行拔出蜱虫。

可以通过药物预防的寄生虫

心丝虫（由蚊子传播）：
被携带心丝虫幼虫的蚊子叮咬后侵入体内，严重时可能导致突发死亡。感染症状包括呼吸困难、咳嗽、食欲缺乏等。活跃期为 5 ～ 12 月。

跳蚤：
寄生于宿主并反复进行吸血和产卵。可能引起瘙痒、贫血，也可能作为传播猫抓病的病原菌媒介。全年活跃，但在梅雨季节更为活跃。

蜱虫：
可传播多种病原体，甚至导致死亡。被叮咬后可能导致贫血、皮肤炎症、关节炎等症状。人类也有很多被叮咬的案例。全年活跃。

肠道寄生虫：
寄生于宿主体内的内部寄生虫。感染症状包括食欲缺乏、呕吐、腹泻、便血、呼吸系统症状等。人类也可能感染并引发严重疾病。

即使是完全室内饲养，也建议使用寄生虫预防药物，特别是能够预防心丝虫的药物。

🐾 不仅是狗，
猫也存在感染心丝虫的风险

猫咪感染心丝虫后并不会有特别明显的症状，因此可能会被主人忽视，所以需要特别留意。

因为心丝虫的主要宿主是狗，因此心丝虫病也常被称为犬心丝虫病。这是一种由蚊子传播的、寄生虫寄生在狗的心脏和血管中的疾病。我刚成为宠物医生的时候，在关东地区会经常发现狗感染心丝虫的病例，几乎每天都会在血液检查中发现幼虫。不过近年来，得益于养宠物知识的广泛传播，每年接种疫苗的狗狗数量逐渐增加，宠物医院发现狗感染心丝虫的病例明显减少了。然而，根据地域的不同，有些地方可能仍然存在一些感染的情况，如果不加以防范，狗可能会被感染从而导致死亡，因此依然不能掉以轻心。

另一方面，与狗相比，猫的感染报告较少。但实际上，这可能是因为猫感染的心丝虫病的症状不明显，例如呼吸困难、咳嗽等呼吸系统症状，以及食欲缺乏、体重减轻、呕吐等情况在其他疾病的症状中也经常出现。因此，在病情急速恶化之前，猫心丝虫病经常难以被正确诊断以至于耽误治疗。

根据东京一家动物医院的调查，每 10 只猫中就有一只以上可能有心丝虫感染的风险，其中有 30%～40% 是室内饲养的猫。猫的免疫反应可能会导致心丝虫在幼虫阶段死亡从而不会成为成虫，所以大部分情况下并不严重，但还是不能忽视。

完全室内饲养的情况下也需要预防跳蚤、蜱虫和心丝虫吗？

😸 感染心丝虫的猫咪可能会突然死亡

有报告称，有 1 ～ 2 成感染心丝虫病的猫会突然死亡。

因此，建议在蚊子出现后一个月到蚊子消失后一个月的期间内给猫咪投药进行预防。投药期间可能会根据地域的不同而有所差别，例如在冲绳等炎热的地方，可能全年都需要进行预防；而在关东等地区，一般从 5 月到 12 月进行预防就可以了。不过，由于近年来全球气候变暖导致的气候变化，即使在冬季，蚊子也可能存活于室内。如果对预防期间存有疑虑，请及时向当地的宠物医院咨询。

😸 使用预防药物来保护猫的健康和人的安全

近年来的预防药物不仅可以预防跳蚤和螨虫，还可以同时预防心丝虫和消化道寄生虫等。此外，除了口服药物，还有涂抹在背部皮肤上的药物等多种类型。对于难以进行口服的情况，吸收于皮肤的涂抹型药物更为简单。然而，有时候猫咪可能会舔到药物导致食欲下降或皮肤瘙痒等症状，所以请务必向兽医进行充分咨询。

宠物医生偶尔会从已经服用过预防药物的猫咪身上发现跳蚤成虫或跳蚤粪便，向主人询问后判断这种情况通常是因为使用的是市面上贩售的非处方类药物所导致的。因此，虽然宠物医院提供的产品价格相对较高，但从药效和安全性等方面考虑，最好尽量使用宠物医院开具的药物。

刷牙有什么好方法和工具吗？

真的必要吗？拔牙是一个选择吗？

近年来，狗和猫的牙齿护理变得越来越受到重视。这不仅仅是因为牙齿疼痛会导致宠物无法进食，更是因为已经有研究发现口腔疾病可能会引发全身疾病。随着宠物主人对这个问题的认识加深，愿意尝试给宠物刷牙的人也在增加。如果你问我是否有必要给猫咪刷牙，我的回答是肯定的。

然而，我知道许多主人都在为如何给猫咪刷牙感到困扰，我也有这样的经历。我试图让我的猫咪从小就习惯刷牙的过程，通过按摩耳朵、脸部等来使它开心，一点点地尝试刷牙。但通常情况下，它确实不喜欢被触摸到嘴巴，牙刷只要靠近脸部大约 50 厘米的距离时，它就会眯起眼睛逃走。这样的猫咪不在少数。不过，也有一些猫咪非常喜欢刷牙，对牙刷和牙膏都毫不抗拒，非常愿意配合主人。这都是由猫咪本身的性格所决定的。因此，不要强迫它们，尽量从幼猫阶段开始慢慢尝试，持之以恒地培养猫咪接受刷牙的习惯吧。

另外，由于牙刷的刺激性较强，所以一开始可以使用专用的刷牙纱布、湿巾或手套等较为柔软的工具擦拭牙齿，待猫咪适应后再换成牙刷。这样做会更简单，也更容易坚持。准备刷牙之前，可以轻轻地摸摸猫咪的脸，并尝试掀开它的嘴唇，让猫咪适应你的触碰，然后再逐步进行。如果猫咪反抗强烈，也可以在刷牙时给予一些零食作为奖励。还有一种方法是像给猫咪梳毛一样，按摩口腔周围以使猫咪适应触碰。

🐾 猫咪的牙垢在大约 7 天后会转变为牙结石

最好每天都给猫咪刷牙，但如果太难，每周进行 1～2 次也可以。猫咪的牙垢在大约 7 天后会转变为牙结石，一旦形成牙结石，就很难通过日常护理清除，所以最好在它变硬之前就开始刷牙。如果无法清洁全部的牙齿，那么至少要注意清洁后方那些容易积聚牙垢和牙结石的臼齿。

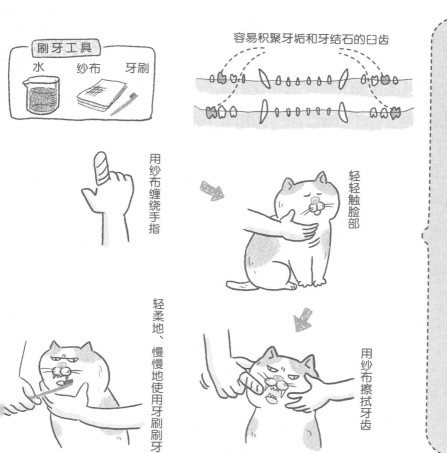

刷牙工具

水　纱布　牙刷

容易积聚牙垢和牙结石的臼齿

用纱布缠绕手指

轻轻触脸部

轻柔地、慢慢地使用牙刷刷牙

用纱布擦拭牙齿

尝试利用多种多样的刷牙工具来守护猫咪的口腔健康吧

25

口腔清洁粉末

猫咪用牙刷

牙齿清洁湿巾

口腔喷雾

🐾 牙齿清洁零食和刷牙玩具

那么，如果猫咪实在不喜欢刷牙，我们应该怎么办呢？食物残留在口腔中会导致口腔环境变差，因此相比于软包装湿粮，推荐使用不容易在口腔内残留食物碎屑的干燥的干粮。

使用牙齿清洁零食或者可咀嚼的布质玩具来清洁猫咪口腔也是一个不错的选择。不过需要注意的是，仅仅依赖这些零食或玩具并不能达到很好的刷牙效果。另外，如果清洁零食的尺寸和形状不合适，猫咪可能会将它们整颗吞下，那么不仅达不到清洁口腔的效果，还会导致有食管堵塞的风险，所以需要注意使用安全。对于棒状或者尺寸较大的零食，建议主人手握着以确保让猫咪能将食物咬碎进食。另外，如果猫咪的牙齿状况本身就不太好，坚硬的零食反而可能适得其反，需要特别注意。

真的必要吗？拔牙是一个选择吗？刷牙有什么好方法和工具吗？

🐾 如果牙周病已经恶化，请咨询医生

虽然我们建议尽可能地从幼猫时期或者在牙齿健康的时候就开始给猫咪刷牙，但是如果牙周病已经严重了，就不要强行给它们刷牙了，因为刺激会引发疼痛导致食欲缺乏。例如，如果猫咪厌恶被触碰嘴巴周围，或者已经出现口气很重，牙齿颜色加深，牙龈发红肿胀等情况，那可能就已经有牙周炎或口腔炎了，应该尽早向宠物医生咨询。进行牙结石去除可以抑制口腔内细菌增殖，并保护其余的牙齿。

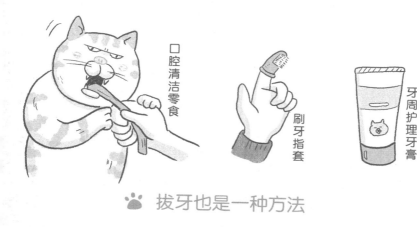

口腔清洁零食

刷牙指套

牙周护理牙膏

🐾 拔牙也是一种方法

如果牙周病严重，牙齿的根部已经开始摇晃的情况下，医生可能会建议拔牙。可能听上去会觉得拔掉牙齿猫咪会很可怜，但其实猫咪是一种吞咽食物而非咀嚼食物的动物，拔掉所有的牙齿不仅对它们的日常生活影响很小，而且会使猫咪能够更积极地吃食物。相反，留着已经坏了的牙齿会导致口腔内炎症扩散，严重时甚至会影响到颅骨导致骨折。

不过，不管是去除牙结石还是拔牙的手术都需要进行全身麻醉，所以需要事先进行身体检查。如果猫咪本身有肾脏或肝脏疾病，麻醉带来不良后果的风险就会增大，因此建议选择在可以进行预先检查的医院进行治疗。

🐾 多种多样的口腔保健品

近年来，许多商家都推出了号称可以改善宠物口腔环境的保健品，例如口腔内益生菌和乳铁蛋白。这些产品通常非常可口，因此很容易被猫咪所接受，并且其中的一些产品也被认为有一定的效果。由于是保健品，可能需要长期使用才能感觉到效果，因此建议作为辅助手段使用。

通过持续的口腔护理，可以预防心脏、肾脏和肝脏等其他疾病。让我们通过日常的口腔护理帮助猫咪活得更长久吧。

当被拍打尾巴根部，猫咪会撅起屁股……这是它们的敏感区吗？

🐾 喜悦之情让它不禁
尾巴摇来摇去，只因喜欢主人的抚摸

许多猫都喜欢被拍打尾巴的根部。你可能会认为这只是母猫的喜好，但事实上，公猫也喜欢被触摸。有些人可能会误以为猫咪对自己产生性兴奋，因为它们会摆出与母猫在发情期接受公猫时相似的姿势，导致一些人会误解它们是否对自己感到兴奋并因此感到担忧。但其实它们只是感到舒服和开心，并不一定是性方面的兴奋。

就像猫咪喜欢被摸下巴或脸周围一样，尾巴的根部也是分泌猫之间交流使用的信息素的部位，可能会使猫咪感到和主人接触的满足感。如果猫咪不反感的话，你可以把它当作一种撒娇的姿势，继续轻轻地拍打和抚摸它的尾巴，猫咪会非常喜欢这样的。只不过如果太过频繁，猫咪可能就会感到厌烦了。

另外，当你抚摸猫的头部和颈部周围时，有些猫会发出咕噜咕噜的声音，同时像发出威胁信号一样把尾巴翘得很高，让人感到惊讶。这可能是因为此时猫咪的交感神经处于占优势和活跃状态。对猫来说，这可能是一种兴奋的表现。先轻轻触碰，然后再逐步进行。

蹭蹭主人

🐾 不必对提到敏感词汇过度在意

在诊疗室里的对话中，我们经常会发现当猫咪主人提到一些比较敏感的词汇，例如"发情""肛门""乳头"等平时日常生活中不常使用的词汇时，他们会显得有些尴尬。诚然，即使是关于猫的话题，这些词语也可能让人感到难以启齿，这是非常正常的反应。

通常情况下，谈论这些可能会让人感到尴尬，但在诊疗室中，你无需有这种顾忌，因为宠物医生会经常且毫无顾忌地使用这些词汇。相反，当猫的主人因为尴尬而难以开口时，医生可能会因此变得不好意思，导致对话变得更加尴尬。所以，请不必顾忌，大胆、坦率地向医生提问和讨论吧。

猫咪会因为交感神经占据主导而变得兴奋即使是有关生殖器的问题，也请放轻松地咨询吧当出现问题时，如何判断是否要带猫咪去医院呢？

如果你发现了什么令人担忧的事情，或者感觉有些不对劲，毫不犹豫地带猫去医院是明智的选择，不必担心自己是否太过小题大做。只需向医生解释宠物的状况，如果身体检查等没有发现任何问题，就可以放心了。在这个过程中，还可以顺便和医生聊聊关于养猫的话题，分享一些关于猫咪的信息也是不错的。

即使没有明显的呕吐或腹泻等症状，但如果猫咪早上不像往常那样来找你进食，或者不再梳理自己的毛发，抑或在平时不会待的地方蜷缩着等异常的行为持续数日，也应该向医生咨询。

例如，有些宠物主人会因为猫虽然食欲旺盛但却开始消瘦而带猫来就诊。但经过交谈发现，其实他们早就对猫咪体重稍微下降感到担忧，也注意到猫的行为变化，比如频繁叫唤和撒娇等。原本他们以为这只是因为猫的年龄增长引起的老化，所以只是静观其变，但最后却检查出猫患上了甲状腺疾病。

我们家的猫体重大约是 4 千克，如果减轻了 200 克，那么相当于整体体重的 5%。如果把这个比例转换为人类，那就相当于减少了 3 千克。

如果人类在没有特殊活动的情况下突然减少了 3 千克，肯定会感觉有些不对劲。对于高龄的猫咪，如果它们并没有在节食，但在 3 个月内体重减少超过了 5%，意味着存在潜在疾病的可能性。对于猫来说，数百克的体重变化是相当显著的，所以平时要定期监测体重。

哎呀，又长胖了

行动后的后悔，可以随时间而流逝；未行动的后悔，则长久挥之不去。

人类可以自主去医院，但动物如果不是主人发现异常并带去医院，是无法接受治疗的。有时候，对于动物来说，主人那种"感觉不对劲"的直觉可以拯救它们的生命。作为主人，我们是它们最亲近的观察者，我们拥有的独特的感应能力能够帮助它们发现疾病的早期迹象。

🐾 猫咪总会表现得很活泼

虽然听上去很简单，但带猫咪去医院其实并非一件易事。首先是主人的工作、上学等时间问题，还有经济问题、医院距离较远或交通工具等问题。另外，猫咪可能会讨厌去医院并感到压力，这也是一个考虑因素。

当然，如果猫咪的生命垂危，我相信无论如何你都会设法带它去医院。但是在此之前，如果只是有些微小的变化，你可能会纠结该如何应对。

当出现问题时，如何判断是否要带猫咪去医院呢？

因此，我们在第 33 页的表格中将猫咪可能出现的症状按照带去医院的紧急程度进行了分类。不过，由于猫咪的年龄、病史、体质和生长环境等因素方面存在差别，请将这个表格作为一个参考，以猫咪的具体情况来判断。和电视节目中所展示的一样，猫咪似乎总是擅长保持活力。因此，我们要时刻观察，不要错过微小的异常情况。当发现异常或感到担心时，为了避免诸如"那时候如果带它去医院就好了"的后悔，希望你能随时准备好带猫去医院。

如果是表格上★的严重度的症状，就应该考虑带猫咪去医院，我认为不会有医生会觉得你太过敏感。而如果严重度达到了★★★★，即使在深夜也请立即带猫咪去医院，这是需要紧急就诊的状态。

严重度 ★★★★★

立刻去医院

- 感到无力
- 误食或误吞
- 呕吐无法停止，持续不断
- 近 24 小时没有排尿
- 张口呼吸
- 后腿站不稳
- 发出奇怪的声音（似乎在诉说某事，表现得不安）
- 类似癫痫的发作
- 突然流口水
- 突然打鼾
- 体温或耳温升高
- 耳朵或口腔黏膜呈黄色或白色
- 舌头苍白
- 脸部肿胀（急剧变化）

严重度 ★★★

次日需要去医院

- 每天呕吐约 3 次
- 排便带血或尿带血
- 肉眼可见的肿块或肿瘤
- 触摸腹部时感到肿块
- 反复流口水
- 猛烈挠耳朵
- 耳朵肿胀
- 爪子折断（出血已停止）
- 步态异常

严重度 ★★

如果经过 1 到 2 天仍无改善，就需要去医院

- 没有食欲（少于平常的一半）
- 眼泪、眼屎多
- 反复呕吐或腹泻
- 下巴上的粉刺
- 一时性地发作或颤抖（症状已消失）
- 打喷嚏

严重度 ★

持续 3 天以上就需要去医院

- 疣的大小没有变化
- 持续存在的口臭
- 食欲不稳定
- 突然增多的皮屑
- 脚或手上有大片秃毛
- 由梳理引起的脱毛
- 耳朵脏污
- 便秘
- 腹泻

以上内容仅供参考。
如果猫咪没有精神、没有食欲或出现多个症状，不论严重程度如何，都应尽早就医。

必须给猫咪安装微型芯片吗？

这样做好吗？

这是生命的线索，让彼此分离的宠物能够回到主人身边

为了让失散的宠物能够返回，许多国家都要求为家养宠物植入芯片，以便追溯饲主信息，我国也在逐步推广这一措施。

微型芯片是一个直径 1～2 毫米，长度约 8 毫米的圆柱形胶囊，内部记录着动物的个体识别号码，医生会使用注射器将其植入狗和猫的皮下。这个个体识别号码与宠物主人的名字、地址、电话等信息一起登记在相关的数据库中。只需使用专用读取器读取，就可以立即获取到宠物主人的信息，这是一种半永久性的防走失措施。

当宠物从家中溜出，或是在地震、台风等灾害中走失，或是在带出门的时候逃跑变成流浪动物时，如果它装有微型芯片，就可以通过芯片中的号码找到宠物主人的地址和电话等信息，从而与主人取得联系。然而，如果没有安装芯片，那么它返回家中的机会就会大大降低。虽然听起来很残忍，但如果宠物被收容场但主人却找不到的话，可能会在收容场所被安乐死，这是不能否认的事实。

已经有很多因为安装了微型芯片而成功回到主人身边的例子。同时，装置微型芯片也能有效地阻止人们随意遗弃宠物的不负责任行为，这不仅是法律规定，更是宠物主人的责任。对于已经养了宠物的人来说，虽然没有必须装设芯片的义务，但我们仍然建议给宠物进行芯片安装。

终于回家啦

目前，芯片的植入通常由宠物店或宠物医院协助完成，植入后相关机构会协助主人登记芯片信息，此外还有一些地区提供了在线平台或应用程序，宠物主人可以通过扫描芯片编号，将宠物和自身的详细信息上传到系统中。如果丢失的狗或猫被送到动物医院，医生会检查并确认其微型芯片中的编号，然后直接联系宠物主人。

🐾 植入微型芯片的过程与注射类似

微型芯片的植入过程类似于动物医院的注射，不过使用的是较粗的针头，可能会伴有些许疼痛，但过程瞬间就结束了。通常，芯片会被植入到颈部后方的位置。芯片的安装费用由宠物主人承担，大约 500 元，一些地方的政府机构还会提供补助，可以进行咨询了解。

读取器一般设置在动物医院、卫生所和动物保护中心等机构，希望通过这项措施，能够减少那些轻易饲养宠物却又随意遗弃的不负责任行为。

为了在意外情况下能够与你心爱的猫咪再次相见，请务必安装微型芯片

健康的猫可以通过
综合营养食品摄取每日所需的营养

市面上的猫粮种类繁多，应该怎么选择呢？

猫咪的饮食信息五花八门，让人不知道究竟哪种是正确的，我经常听到人们因此感到困扰。毕竟这是猫咪每天都要摄入的东西，主人自然会关注食物的安全性，总希望能让爱猫吃到最安全、最有益于健康的食物。

为了保障宠物食品的安全性，许多国家实施了有关宠物饲料安全性的法规，并制定了有关饲料成分、规格等的标准。

只要食物上标注有"综合营养食品"，就意味着其满足营养成分的基准，且营养成分均衡。对于健康的猫咪来说，在这些食物中选择是没有问题的。根据猫的成长阶段进行卡路里计算，给予与体重相适应的食量就可以了。

综合营养食品有干粮和湿粮两种类型，干粮也就是我们通常所说的猫粮，每份所含的卡路里和营养成分较高。相比之下，罐头或袋装的湿粮每份所含的卡路里和营养成分较低，如果只靠湿粮获取每日所需的营养，需要摄入相当大的量，因此，更方便喂养、成本也较低的干粮普遍更受欢迎。

👣 高级食品和普通食品

综合营养食品中有被称为高级食品的产品。从名称上看，给人一种高级品牌的印象，实际上价格也相对较高。但它之所以被称为"高级"，不仅仅是因为价格，而是因为在各种成分的配置上做了很多优化。例如，含有大量的高品质动物性蛋白质，不使用防腐剂和抗氧化剂等添加剂，对于一些猫主人来说非常具有吸引力。

相比于高级猫粮，在大多数超市或便利店等可以轻松购买到的价格更低的食品通常称为普通猫粮。请放心，这些食品也是按照成分规格基准精心制造的，并且这类食品通常具有浓郁的气味和味道，猫咪也很喜欢吃。不过，如果有时猫咪因为特殊情况需要改吃疗养食品等，可能会出现适应困难的情况。

👣 最近流行的无谷食品是智商税吗？

最近，无谷食品的话题在宠物食品界引起了相当大的关注。无谷食品中不含谷物成分，即不加入任何谷物原料，以保证产品不含麸质（* 麸质成分可能会引起宠物消化系统功能障碍或不耐受等症状）。

但其实，普通的干猫粮是将原料磨成粉末后添加水分进行加热加工而成的。在这个过程中，谷物会变成淀粉状的成分存在于食物中。虽然猫咪被认为是食肉动物，但有报道称加热加工后变成淀粉状的谷物是可以被充分消化的，因此即使不是无谷物的食物，对健康也没有太大影响。

对于健康的猫咪来说，它们爱吃的营养食品是最佳选择

😺 需要注意食品氧化

无论猫粮的质量有多好，如果储存方式不当就会导致食物氧化。氧化不仅会导致猫咪不再爱吃，也会对它们的健康产生影响。当购买大容量猫粮时，建议将其分装并储存在避光的地方，尽量防止其氧化。湿粮中含有约 75% 的水分，一旦开封请务必冷藏储存，并在两天内食用完毕。

😺 高难度的自制食品

市面上的猫粮种类繁多，应该怎么选择呢？

有时候会有人询问关于自制宠物食物的问题，但现实情况是，完全依赖自己手工制作猫食是非常困难的。因为为了正确进行配比，不仅需要考虑营养平衡，还需要考虑口感，这往往很难从猫咪那里获得反馈。如果实在想要自己制作食物，那么比较可行的做法是将其作为一般的综合营养猫粮的配菜来提供。另外，如果你的猫咪患有某种疾病，在自制猫粮之前，请务必向医生咨询可行性。

😸 最重要的还是猫咪吃得开心

　　虽然猫粮的种类繁多，但最终猫咪喜欢吃才是最重要的。不过，考虑到猫咪在漫长的生命中身体状况的变化，一开始可以选择高营养价值的优质猫粮；当出现身体状况有变化或出现其他问题时可以考虑转为治疗性食物；如果食欲下降，可以尝试口感更好的常规猫粮或湿猫粮。这样的过渡方式猫咪比较容易适应。

😸 不同年龄阶段，猫粮的选择大不相同

　　猫粮的包装袋上通常标注了适合幼猫、成年猫、老年猫等不同年龄段的分类。这些都是针对不同阶段猫咪所需要的营养物质成分、含量以及形状等做了相应的调整优化，所以尝试一下也是不错的选择。

　　例如，幼猫用猫粮通常含有提高免疫力的营养成分和预防便秘的食物纤维。猫粮的形状也会设计得小巧、柔软，以方便小猫食用。

　　对于"7岁以上""11岁以上""15岁以上"等老年猫粮的细分，不同品牌可能存在一些差异，但通常情况下，年龄增长会导致运动量减少和容易发胖的情况。因此，针对7岁以上猫咪的猫粮通常会控制热量，而11岁以上的老年猫由于肌肉减少会变得瘦弱，因此猫粮通常是高热量的食物，创意设计时充分考虑到了猫咪的健康问题。最重要的是猫咪能够享受吃得香香的感觉。这些都是为了猫的健康考虑而特别定制的猫粮。

发现生病或受伤的流浪猫应该怎么办？如果无法收养，该怎么救助它呢？

👣 首先，救助并带至医院

对于该如何救助流浪猫，存在各种不同的看法。有人认为如果自己无法承担责任，就不应该救助，因为对于小猫来说，最好让母猫照顾到断奶时再进行干预可能是最好的。此外，也有一些流浪猫是作为社区猫咪被居民们共同保护的，所以很难简单地定义什么是好的做法。

即便如此，如果碰到受伤的或者看上去身体状况不好的猫咪，我们还是希望你能伸出援手。可以暂时收养它并带去进行必要的治疗，等病情有所恢复后再寻找有爱心的领养人。很多宠物医院都愿意对此提供协助，也可以向附近的动物保护组织或庇护所寻求帮助。此外，也有很多人一开始并没有打算要领养，但中途产生了情感，最终决定继续照顾猫咪。

虽然无法忽视现实问题，但我们真心希望正在看这本书的你在遇到流浪猫时，不要因为考虑到将来的问题而忽视眼前弱小的生命。

👣 只凭心意 无法解决所有问题

去医院的话，自然会产生治疗费用和住院费用等，这些都需要由救助者承担。有时医院如果太过繁忙，猫咪可能无法立即得到诊断和治疗。

在猫咪极度虚弱的情况下，即使去了医院，也有可能无法康复而丧命。如此这般，有时勇敢地帮助猫咪的意愿会受到现实问题的阻碍，最后可能会带来悲伤的结果。但是，与坐视不管并一直后悔相比，这样的结果可能会好一些。总之，无论是救助还是不救助，希望你能根据自己的内心做出决定。

😺 如果带至医院前
需要让猫咪在家中暂时居住

无法立即去医院的时候，你可能需要先在家里照顾它们一段时间。如果你已经有其他宠物在家，最好为隔离准备一个笼子或者房间。你可以在浴室铺上床单或准备一个纸箱，作为临时的隔离场所。为了保暖，请准备一些装有热水（50～60℃）的宠物瓶等物品。

对于流浪猫来说，它们可能已经携带传染病毒等，有可能传染给家里的猫咪，因此在照顾它们时需要格外小心。如果觉得让它们住院更安心，你可以将这些情况告知医生，并进行咨询。无论是金钱方面的问题还是其他情况和要求，最好提前告知兽医。

另外，如果你救助的是幼小的猫咪，首先一定要保持它们的体温。准备一个纸箱，铺上毯子等物品，让它们舒适地休息。将40℃左右的热水装入宠物瓶中，并用毛巾包裹放在猫咪旁边。可以向宠物医生咨询如何帮助小猫排便以及喂食奶水等。

当面对弱小的生命时，请按照内心的感受行动。

🐾 每天每千克体重
需要喝 40 ～ 50ml 水

或许我们在日常生活中并未特别去考虑猫每天喝多少水，只是简单地提供给它们。在多猫家庭中，单独测量每只猫的饮水量可能会有些困难，但如果只有一只猫，就可以在家中自行进行测量，同时也可以对猫的健康状况进行检查。

在测量饮水量时，你可以先用量杯测量一定量的水倒入猫平时使用的水碗中，12 小时后，将剩下的水倒回量杯，这样就能知道猫咪喝了多少水了。这个操作进行两次，就可以测量出猫咪一天的饮水量。注意在此过程中，需要考虑到食物的类型。如果是干猫粮，那么测出来的饮水量就不需要做任何调整。但如果是湿猫粮，那么还需要加上食物中的水分，占食物总量的 70% ～ 80%。比如，如果猫吃了 80 克的罐头，那么就需要额外加上 50 ～ 60 毫升的水分。

猫咪正常的每日饮水量是每千克体重 40 ～ 50 毫升。例如，对于一个体重为 3 千克的猫咪，饮水量应在 120 ～ 150 毫升。这个量对于不同年龄的猫咪都是一样的。由于猫咪本身不是特别爱大量饮水的动物，如果发现猫咪喝水较多，可能隐藏着肾脏疾病等问题。如果每天发现猫咪的饮水量超过了每千克体重 60 毫升的话，这是超过正常量的，建议尽早咨询医生。

另外，由于季节和室内温度的变化可能会导致水分蒸发，所以虽然蒸发量通常很小，但也需要考虑这部分的数量。

创造一个
安全、自由饮水的环境

由于猫咪容易患上肾脏和膀胱疾病，所以预防疾病的一种方式就是为它们提供一个安全、自由饮水的环境。

市售的矿泉水或者硬水可能增加尿路结石等问题的风险。而且与经过氯消毒的自来水相比，它们更容易繁殖细菌。如果自来水水质非常好，直接给猫咪喝完全没有问题。

重要的是要提供新鲜的水。至少每天更换两次水，并且应在多个地方准备饮水点，确保它们随时都能方便地喝水。很多家庭现在都给猫咪使用自动供水或者悬挂式的喝水等非常方便的装置，但请注意尽可能地提供新鲜的水，并注意确保工具没有故障，以免导致猫咪无法喝水。

有些对味道敏感的猫咪可能不喜欢靠近厕所，或者对残留在碗中的洗涤剂的气味感到不舒服，这可能会让它们不愿意靠近水源。我们应尽可能地为猫咪创造一个安静、无异味的饮水环境。

4千克重的猫每天需要喝160～200毫升的水

如果当地水质不错，给猫咪喝自来水是完全没有问题的

哈哈，是吗？

这里的水是最好喝的！

听说有人在与猫共同生活的过程中痊愈了

对猫过敏的人真的不能养猫吗？

😺 从可行的事情开始吧

从宠物医生的立场出发，当被对猫过敏的人问到能否和猫咪生活在一起时，我们不能轻易地说"没问题"。但是，有一个事实需要传达出来，那就是，许多对猫过敏的人通过努力都能与猫咪共同生活，并且有很多人说他们的过敏症状得到了缓解甚至完全消失了。

喜欢猫却又对猫过敏真是一件令人难受的事情。我的家人就有人对猫过敏，即使不直接接触猫咪，也会对猫的皮屑产生反应，导致眼睛和皮肤发痒、流鼻涕，有时呼吸也会有些困难。但是通过科学使用药物并保持一定距离，仍然可以与猫咪共同生活。对于人类的过敏症状，请不要自行判断，一定要去医院咨询并接受适当的治疗。

过敏症可能会突然发作，所以即使现在与猫咪一起生活没有问题，但是如果未来出现症状，你可能会疑惑该怎么办。我曾接到过一位猫主人的咨询，他之前被诊断为猫过敏，医生建议他放弃养猫，使他非常困扰。幸运的是，他的症状比较轻微，所以在家人的支持下，他准备了专用的猫房间实现了生活空间分区，得以继续与猫咪继续共同生活。

🐾 清洁和洗涤工作

根据症状的程度，首先从日常能够做到的事情开始改善，比如经常清理房间，思考和猫相处的方式等。

猫咪无论是坐着还是躺着，毛发都会不可避免地附着或残留在物体上。因此最好不要使用更容易残留毛发的布制地毯、垫子、靠垫等物品，并且避免让猫咪进入有床上用品的房间等区域。

如果是地板的话，清洁起来就会容易一些，除了用吸尘器吸尘之外，还应每天进行地面的拖洗，我个人也推荐使用能产生高温蒸汽的拖把。此外，如果可能的话，可以请没有过敏症状的人定期给猫梳毛，并用湿毛巾擦拭猫的身体污垢。虽然过敏可能无法完全治愈，但这样的做法可以有效减轻症状。

🐾 当症状严重无法忍受时

虽然猫咪的幸福很重要，但是严重的过敏反应会对人类的生命造成威胁。无论有多么热爱，如果饲养者出现严重过敏反应甚至危及生命，那就没有什么意义了。我希望读本书的读者都不会遇到这种情况，但如果你或者你的家人的过敏症状严重到威胁生命，不得已需要做出放弃猫咪的决定，我希望你不要将猫咪丢弃，而是为它找到能够继续给它幸福生活的新主人。

总之，对于猫咪过敏的人来说，最重要的是在保证自身健康的前提下，寻找与猫咪共同生活的方式。

猫咪的幸福是建立在主人的健康基础之上的，请谨慎判断并寻找答案

疫苗每年一次还是三年一次？应接种哪种疫苗？

😺 疫苗接种频率尚无明确的答案

关于疫苗是否应该每年接种一次，或者是每三年接种一次这样的问题，在医生之间仍存在争议。学术界也有很多论文对此进行讨论，但目前并没有统一的标准。不过，由于世界小动物兽医师协会（World Small Animal Veterinary Association）曾发布的疫苗指南中推荐三年一次接种，目前这种方案较为广泛传播。主要使用的是三联疫苗，但由于存在个体差异，因此即便是完全室内饲养的猫咪，也建议每年接种一次。

关于疫苗问题，从接种与否开始存在各种不同的观点，至今还在讨论之中。每种观点都有其利弊，有些猫会有强烈的副作用，甚至有些猫会因此丧生。然而，考虑到猫咪面临的各种感染风险，疫苗提供的保护优势更大，但最终决定权在于饲养者。

针对三种感染风险较高的疾病的三联疫苗，也被称为核心疫苗，即使是完全室内饲养的猫也建议接种。猫传染性鼻气管炎（FHV）和猫卡利西病毒感染（FCV）由于在动物医院等场所存在感染风险，接种疫苗可以提供更安全的保护。猫细小病毒（FPV）通过污染的粪便或接触粪便的衣物和鞋子等途径传播。如果你经常接触流浪猫，或者计划将来领养小猫，那么一定要带猫咪接种相应的疫苗。

对于幼猫来说，为了建立免疫力，首年会进行2～3次接种。一般来说，在8周龄后进行首次接种，之后间隔3～4周进行第二次接种，随后在16周龄后的某个时期再进行第三次接种。简单来说，大约在出生后2个月龄进行第一次接种，之后每个月接种一次，总共接种三次。

👣 根据环境的不同，也可以选择非核心疫苗

非核心疫苗包括猫衣原体感染症（衣原体感染大多会引起眼部疾病）、猫白血病病毒感染症（FeLV）、猫免疫缺陷病毒感染症（FIV）等。如果没有与感染猫密切接触，一般情况下不太需要这些疫苗，但这些疾病都是需要治疗的严重疾病。如果存在猫咪外出逃跑或与其他猫接触的风险，那么这些疫苗就是必需的。猫白血病病毒感染症和猫免疫缺陷病毒感染症可以通过血液检测来确认。即使检测结果阳性，也有很多猫是无症状的，所以即使有同住猫也不要慌张，我们要冷静应对。只要避免剧烈的争斗导致出血就不会有太大问题。如果是无症状的情况，我们可以通过减少压力、调整生活环境以确保免疫力不下降，以及给予营养均衡的饮食等方面来改善。

虽然推荐每年接种一次，但接种与否以及每种疫苗的利弊都因猫而异

老年猫需要多少亲密接触？过多的接触反而是负担吗？

👣 亲密接触也是
健康检查的一种方式

　　亲密接触不仅限于老年猫，无论何种年龄，都应该和猫进行亲密接触。然而，具体的亲密接触方式需要根据猫的性格和健康状况进行调整。随着年龄的增长，老年猫的睡眠时间也会增加，当它们在睡觉时，不要强行叫醒它们，应该轻轻地抚摸或呵护它们。

　　如果猫咪年轻时不介意被接触，但随着年龄增长开始避开亲密接触，那么可能是肿瘤的存在导致触碰会引起疼痛，或者是神经疾病使其对刺激变得敏感，这可能是某种疾病的征兆。通过触摸，还可以感知到显而易见的体温异常（过高或过低）。因此，亲密接触也可以作为健康检查的一种方式，即使猫已经进入老年阶段，也请珍惜与它们肌肤相触的时间。

　　提到亲密接触，首先想到的是抚摸行为，对吧？即使是抚摸，不同的猫咪可能喜欢被触摸的身体部位也不同。如果猫看起来很喜欢被触摸某个部位，就请继续温柔地抚摸它。如果猫喜欢脸部被触摸，那么你可以轻轻按摩它的耳根、头顶、眼睛周围和下颌周围等部位，它们会感到高兴的。

　　当你看着猫沉醉在快乐之中时，这也是主人放松的时刻。边看着满足的猫，边与它一同度过幸福的时光吧。

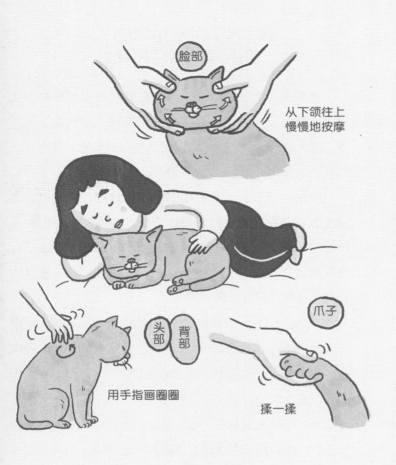

脸部

从下颌往上
慢慢地按摩

头部　背部

爪子

用手指画圈圈

揉一揉

😺 轻轻地抚摸

　　随着年龄的增长，老年猫的肌肉会逐渐萎缩，体型可能变得骨瘦如柴，这种情况下过度的抚摸可能会让它们感到疼痛。边轻声说话，边轻轻地把手放在它们身上，这样就足够了。亲密接触是一种沟通方式，相互感受体温，确认彼此的存在，无论是猫还是人都可以感到安心。

各种各样的猫厕所琳琅满目，但实际上如何呢？

🐾 选择时从猫咪的立场考虑优点和缺点

近年来，猫厕所不仅在形状和设计上多种多样，还有许多功能，例如便于清理的砂盆系统，可以监测尿液量、排泄次数和体重等健康管理的物联网类型的厕所等，可以说选择范围非常广泛。

但首先让我们来看看猫咪的排泄过程：它们会挖掘沙土，排泄在坑里，然后用脚爪掩盖排泄物，最后完成排泄。从这个角度来看，一般的猫砂盆应该已经足够了。但随着宠物主人的生活方式和健康意识的变化，很多人也想给猫咪尝试各种新的厕所。

首先，作为一般猫砂盆的基本要点，需要倒入足够数量的猫砂，以至于底部不被看到。理想的深度是 5 厘米以上。猫砂的颗粒越小，猫咪越喜欢。此外，猫在上厕所时会改变身体的方向，所以厕所的尺寸最好是猫体积的 1.5 倍以上。如果家里有多只猫，厕所的数量最好是猫的数量加一。避免将猫厕所安置在噪声较大的地方，而应该放在离猫咪的饮食和睡觉的场所几米远的安静的地方。

第 51 页的表格中列出了最新的猫厕所产品。选择猫厕所时，最重要的是让猫能舒适地排泄。即使对宠物主人来说很方便，但如果猫咪觉得不舒适，那么这个选择就是错误的。

种类	形状／构造	优点	缺点
全盖式	顶部和四壁完全被包围住	猫咪可以专心在厕所里，不用担心周围的情况	通风不好，不适合对气味敏感的猫咪。另外，难以察觉猫的排泄情况
上开口洞型	入口在上部，深如桶的结构，节省空间	排泄后猫砂不容易飞溅，清洁也比较方便。喜欢钻洞的猫可能会喜欢这种猫砂盆	内部情况难以查看，清洁时需要注意。另外，每次使用时都需要跳跃进入，对于老年猫或患有关节炎等疾病的猫可能不太适合
组合型猫砂盆（格栅型/平板型）	上下空间分隔，上部是网格，下部是装有猫砂的托盘；结构设计使尿液直接落到下方的尿布上	只需要每天更换尿布即可，方便清理；同时，也方便采集尿液进行健康检查	因为使用了特制的猫砂和尿布，臭味得到了很好的控制，人的嗅觉可能难以察觉污垢
最新型全自动猫砂盆	有各种各样的形状；搭载了摄像头和传感器	可以记录猫的入便次数、滞留时间、尿液量等，甚至还可以将这些数据图形化，提供各种信息	运行声音可能让猫感到不安，不愿进入；价格高

让猫咪能舒适排泄的才是好的猫厕所

给猫咪采尿非常困难，让人很头痛。有什么好的方法或工具吗？

👣 利用方便的物品，让猫咪从年幼时就适应

尿液检查是一种可以检测泌尿系统疾病和糖尿病等的检查方法。对于猫咪来说，可以早期发现许多疾病，所以建议从年幼时就在家里定期采集尿液进行检查。然而，和狗不同，猫在家中采集尿液是很困难的，对吧？特别是性格敏感的猫咪，一旦感觉到有不同的动作，可能会敏感地停止排尿。

宠物医院一般会提供吸管、注射筒（注射器）、带有海绵的棒子（尿液捕集器）等物品，并告诉你如何使用它们收集尿液。但如果手头没有这样的工具，也可以使用其他干净的容器来操作。首先，尝试在猫上厕所的时机使用第53页上的任一方法。对于猫咪来说，排泄时需要舒适的环境。如果过于强行，可能会导致它不再去厕所，所以建议一边观察它们的反应一边尝试。

👣 如果所有方法都很困难，也可以考虑膀胱穿刺

如果在家中采尿实在非常困难，可以去动物医院进行膀胱穿刺。这是一种通过在腹部刺入针来获取尿液的方法，有两种方式：一种是在触摸的同时刺入针，另一种是在超声波的指导下刺入针。

由于可以采集到无菌状态的尿液，因此在需要进行

细菌培养等的情况下也很有效。这是一种安全可行且能够进行准确检查的方法，但也存在出血等并发症的风险，因此请务必向兽医进行详细咨询。对于公猫，也可以进行尿导管插入的方法。这是一种相对安全的方法，但在插入导管时需要注意不要损伤尿道。还有一种方法是直接用手压迫膀胱，但这样做会导致膀胱内的尿液逆流，增加细菌进入尿管和肾脏的风险，因此很少采用。从风险较低的角度来看，家中采尿似乎是最好的选择。最好从小的时候就让猫习惯这个过程，这样可能会更加顺利。

在家中进行采尿的各种方法

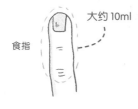

5 ～ 10ml 的量就足够了！10ml 的量大约和食指从指尖到第二关节处的体积相当

用汤勺或较为平整的器皿容易悄悄地放入下面

在铺好的垫子上放少量的砂，或者铺一层保鲜膜或者翻转宠物垫

对于组合型猫砂盆，猫砂的量放置得比平时少一些，在下面的托盘上不铺宠物垫

利用汤勺、保鲜膜或宠物尿垫的背面，尽量让猫咪注意不到，悄悄地进行采尿

与猫淋巴瘤
发病率有关的吸烟习惯

我家的猫咪非常喜欢舔自己的毛发。从爪间的缝隙到尾巴的尖端，它都会舔得很认真，看起来非常放松。然而，考虑到我们使用的各种化学物质可能通过猫的舌头进入它的体内，这又让人非常担心。我们经常听说有人在孩子出生时戒烟，对于宠物来说也是这样的。据报道，吸烟可能是引起猫的恶性肿瘤中发病率最高的淋巴瘤的原因之一。因此，对于猫的主人来说，为了猫咪的健康，最好还是放弃吸烟。

猫咪舔食香烟、柔软剂、除臭喷雾等在室内或衣物上的残留会有危险吗？

为了我的猫咪戒烟吧！

🐾 驱除跳蚤和螨虫

在养猫的家庭中，使用驱除跳蚤和螨虫喷剂的频率可能很高，对于使用驱除剂需要采取多少防护措施可能会感到困扰。尽管这些产品通常会宣传"由安全成分制成，对人类和动物都很安全"，但另一方面也会在使用说明中提到"不要直接吸入烟雾或雾气，建议在使用期间将动物带到外面"。换句话说，使用该产品前需要采取适当的措施，并在使用后充分通风。

实际上，如果动物因为这些驱虫剂出现了健康问题，宠物医生的圈子里肯定会讨论这个问题，但目前我们还没有听说过这样的事情，因此可以认为这些喷雾是安全的。

但是，如果雾化不均匀，导致药物在某些地方有高浓度残留，猫踩到并舔食了这部分，可能会摄入高浓度的成分，这种可能性不能排除。我自己在使用防止浴室发霉的烟雾剂时，虽然会注意不让猫接触到它，但还是会感到担心，使用后会充分通风并用淋浴花洒冲洗。

常用的除臭喷雾和柔软剂等经常使用的产品也是一样，最好避免让它们直接喷洒到猫的身上或者让猫接触到高浓度的产品。不仅是猫，防水喷雾也被认为对人的危害性较高。它们含有的氟碳树脂和硅氧烷树脂可能会沉积在肺部，从而引发呼吸问题，甚至可能导致生命危险。

现在市面上大多数清洁剂等产品都做到了高效而安全，但它们毕竟还是化学物质，对于那些我们并不清楚其对身体有哪些具体影响的物质，不论是对于猫还是人，我们都应尽可能地谨慎对待。

无论是猫咪还是人类都要小心化学物质，尤其需注意防水喷雾的使用。

当猫咪看起来健康且有食欲，但是却不吃东西，应该怎么办呢？

猫的食欲下降可能是疾病的信号，因此如果觉得它的食欲下降了，应该立即带它去医院。另一方面，虽然看起来有食欲，还向你示意饿了，但却不吃东西的情况也存在。这种情况可能是由于消化道问题等疾病存在，但也可能只是它的口味发生了变化。可能是对某种味道或形状的食物厌倦了，或者出于某种情绪的变化。有时，尽管它昨天还很喜欢某种食物，但今天却完全不理会。这个时候需要想办法让它吃东西。

当有新的猫咪入院时，我们会与工作人员共享关于它喜欢的食物等信息。比如，有些猫会因为害怕而更愿意吃不太熟悉的食物，或者有些猫只有当我们手动将食物送到它们嘴边时才会吃。由于每只猫的口味都不同，所以我们可以试着摆放不同品牌或口味的食物给它们选择。另外，食物的盛放方式也可能影响它们愿意吃的量。即使猫咪之前一点都不吃，但突然吃了一些或者看似找到了喜欢的食物，这会让我们非常安心。如果需要住院的话，一定要带上猫咪熟悉的饭碗或食物。虽然有些医院可能不允许这么做，但让猫咪进食是非常重要的，可以试着和医院沟通咨询。

食欲缺乏时的调整方法

胡须碰不到

各种各样的形状

叮
~

单独包装

配料

● 改变饭碗的形状或摆放高度

有些猫咪可能会因为胡须触碰到饭碗而失去食欲，所以选择口径较宽、浅一些的碗比较好。可以将碗放置在底座上，使其坐下后更容易进食。材质方面，推荐选择陶瓷或不锈钢等不易刮花且易于清洁的材质。

● 改变干粮的味道和形状

对于开封后放入冰箱的罐头食品或包装食品，可以在微波炉中加热10～30秒。加热后的食物会散发出香气，刺激嗅觉从而促使猫咪进食。

● 使用单独包装的食物

一些猫咪喜欢新鲜开封的食物。当猫没有食欲时，可以尝试使用单独包装的食物，分成适合一次食用的大小。

● 添加配料

将鲣鱼屑或鱼干研磨成粉末，撒在猫粮上作为配料，或将汤包的煮汁稀释后倒在食物上。不过，由于汤包中所含的盐分等会对猫咪的健康产生影响，因此可以将汤包放入干粮的食品袋中，只增加香气而不添加其他成分。

尝试加热食物，增加一些配料，或者更换餐具和猫粮的口味

注意：以上建议仅供参考，请在实施之前咨询医生的意见。

超声波和高频设备
会有什么不好的影响吗？

🐾 可能对人类健康也有害

有些人会使用超声波和高频设备来防止狗叫或减少野猫进入家中造成的麻烦。有时候会看到有人家在庭院里安装超声波驱猫器，它可以发出让猫咪感到不舒服的频率，但其实有些儿童和个别成年人也能听到，对此敏感的人会感到身体不适。听说有人为了防止流浪猫随地大小便安装了这种设备，虽然确实有效果，但之后附近的人投诉说噪声扰人，导致他们无法入睡。

关于驱猫器到底会对健康带来多少危害目前并没有数据，所以无法得知。但是，考虑到甚至有人类会因此感到不适，可以自然地认为猫也会受到某种影响。当猫的身体状况不好，去医院检查却找不到原因时，不禁会怀疑周围是否有人在使用这种设备。然而，要证实这一点很困难，因此找出真正的原因也是非常困难的。在没有确凿证据的情况下，如果冒昧地质疑，可能会引发邻里纠纷。对方可能认为你在毫无根据地指责他们，让人进退两难。

首先，我们应该优先考虑猫的康复，向宠物医生咨询并努力改善它的身体状况。顺便说一下，我也不推荐使用狗吠防止设备等，而是建议考虑使用隔音窗帘等物品，或者参加训练课程来解决问题。

动物医疗

与十年前相比，动物医疗似乎发生了很多变化，那么，
是如何改变的呢？又有哪些新的可能性呢？
我们能为猫咪做些什么？
请向我们揭示动物医疗的现状。

健康检查应该进行哪些检查，频率又应该是多少呢？

🐾 7 岁之前每年进行一次，之后每半年进行一次

无论是猫还是其他动物，大多数疾病的理想情况都是早发现、早治疗。早期发现能够增加治疗选择，也有助于提高治愈率。并且早期治疗会更容易一些，也能节省医疗费用。因此，定期带宠物进行健康检查是非常必要的。

很多猫咪都不喜欢去宠物医院，只有在出现异常情况的时候才会被主人带去看病。许多主人可能会觉得，对于猫咪来说，在它们身体健康的时候进行抽血或者 X 射线检查等操作会给它们带来不必要的痛苦。但即便如此，我们仍然建议每年至少带猫咪进行一次基础健康检查，当猫咪年龄增长到容易患病的七八岁时，建议以半年一次的频率接受健康检查。

主要的检查项目包括身体检查、血液检查和尿液检查，但如果可能的话，最好也进行 X 射线检查和超声检查，这样可以提高早期发现疾病的可能性。

🐾 身体检查

基础检查除了测量体重和体温外，还会通过观察和触摸的方式检查猫咪的全身状况，例如皮肤和皮下组织是否异常，身体是否有肿胀或肿块，关节、骨骼和腹部等是否有异常。另外还会通过听诊器来检查心脏、肺部和肠道的状况。

😺 血液检查

根据检查项目的不同，血液检查有几种方法，有的是在医院内使用检测设备进行的，有的则是将血液送到外部的专业检测机构，在几天后才能得到检测结果。如果在医院内进行检查，结果会很快得到，但如果送到外部，可能需要 1 到 2 周的时间。如果有特殊的检查，可能需要更长的时间。

基础血液检测项目包括全血细胞计数（CBC：Complete Blood Count，俗称"血常规"）和生化学检查，这是健康检查的基础依据。CBC 是测量血液中成分（如红细胞、白细胞、血小板等）的数量、血红蛋白浓度、血细胞比容等的检查，可用于检测贫血、感染症、血液疾病的存在。生化学检查则是检测内脏病，如肝病、肾病、糖尿病等的存在。

另外，通过测量尿素氮（BUN）、肌酐（Cre）等指标可以检查肾脏疾病，测量血糖水平可以检查糖尿病。每一项指标都有一定的参考范围，如果在这个数值内，就没有问题，但如果超出或低于这个范围，可能表示存在某些问题。

近年来，越来越多的人会在血液检查中给宠物加做一项 SDMA（对称性二甲基精氨酸）检测，这项检查可以帮助早期发现肾脏疾病。当肾功能降低 20% ～ 45% 时，SDMA 数值就会上升，比传统的肾病指标肌酐平均提前一个月就能察觉到肾功能下降。由于早期发现可以减缓疾病的进展，因此这个检查项目受到了大家的关注。

另外，对于 8 岁以上的老年猫，还可以增加一项甲状腺素（T4）的测量。老年猫的甲状腺功能亢进症（甲亢）的早期症

定期接受健康检查有助于疾病的早期发现和治疗

状表现出活跃和增加食欲，看起来精神良好。尤其是出现夜间哭叫、攻击性增加或行为变化等特征性症状。如果症状加重，还可能出现高血压的情况，因此需要注意避免过度兴奋。

健康检查应该进行哪些检查，频率又应该是多少呢？

🐾 尿液检查

通过检查尿液，可以发现猫咪身上常见的尿路结石（结晶）、尿路细菌感染、肾脏疾病和糖尿病等。

检查方法是通过显微镜观察尿液中是否存在细菌或结晶等，并使用试纸测定隐血、尿蛋白、尿糖、尿比重等指标。由于在家中收集猫的尿液很困难，因此可以在动物医院进行皮下穿刺采尿或对公猫使用导尿管进行尿液采集。

🐾 X 射线检查

通过 X 射线检查可以确认无法从外部看到的脑头颅、肺部、心脏、肾脏、膀胱等器官的情况以及骨骼异常。如果肾脏或膀胱有结石，也可以在 X 射线中看到。有时，即使是食欲良好、精力充沛的几个月大的猫咪，在做绝育手术时进行 X 射线检查时，也发现了膈疝（膈疝是猫临床上常见的下呼吸道外科病之一，可以是先天的，也可以是由创伤引起的）。尽管在生活中看起来没有问题，但如果是被领养的流浪猫，会存在曾经在外面发生过交通事故等碰撞的可能性，建议进行检查。

🐾 超声检查

可以通过超声检查判断猫咪腹部是否存在肿瘤等问题，以及心脏功能是否正常。超声检查可以发现 X 射线无法发现的结石和其他器官的状况。有时候以为猫咪因为食欲旺盛而变得肥胖，通过超声检查却发现了恶性肿瘤；有时候猫咪睡眠时间增多，通过检查却意外地发现了心脏问题。

对于猫咪来说，还有可能突发血栓阻塞，出现剧烈疼痛和后腿无法站立的症状。如果定期带猫咪进行检查，可以及早发现导致该症状的心肌肥厚症，那么就可以在猫咪遭受痛苦之前进行治疗。

🐾 早期发现·早期治疗，
让猫咪和主人都安心

健康检查应该进行哪些检查，
频率又应该是多少呢？

　　猫咪是善于隐藏疾病的动物，当不适的症状表现出来时，疾病通常已经相当严重了。在之后的第 94 页的内容中会提到，很多主人对猫咪的疾病都了解甚少。有的人会说："我的宝贝从不生病，所以很健康。"如果真是这样，那是非常幸运的事情，但不能说没有潜在的问题存在。突然出现的重症会让猫咪痛苦万分，对于它们来说是很艰辛的。但实际上，很多重症并非突然发生的，而是很早就潜伏在猫咪体内了，这时多数主人都会责备自己为什么没有早些察觉。

　　虽然通过健康检查无法保证发现所有疾病，但定期进行健康检查可以增加早期发现的可能性。最近，很多宠物医院也推出了体检套餐。

　　虽然定期体检可能会很麻烦，包括等待在内的单次体检时间可能需要花费几个小时，但是，与患上重大疾病、接受手术或住院相比，这要好得多。

　　费用方面，不同医院可能会有差异，一般在 500～1400 元。考虑到演变为重症后的高级检查和治疗的费用，这是非常划算的。而且，能充分了解猫咪的健康状况带来的安心感是无法用任何东西替代的。

不同年龄推荐的检查

常见疾病检查		推荐的检查和手术等
消化器官疾病 ● 拉稀 ● 腹泻	0 ~ 6 个月	疫苗 寄生虫检查(跳蚤、蜱虫、耳螨、蛔虫等) 病毒检查（猫艾滋病、猫白血病）
泌尿系统疾病 ● 膀胱炎 ● 尿结石	6 个月至 7 岁	去势 / 绝育手术 每年一次的疫苗接种时进行的 ● 基础健康检查 ● 身体检查 ● 血液检查 ● 尿液检查 ● 粪便检查 ● 超声检查（如心脏病等） ● X 射线检查 ● 糖尿病 ● 牙科检查
肾脏疾病 心脏疾病 关节炎 牙齿及口腔疾病	7 ~ 10 岁	8 岁起每半年一次(接种疫苗时和半年后) 基本的健康检查 +SDMA、T4
肿瘤 甲状腺功能亢进症	10 岁以上	半年一次 基本的健康检查、T4+ 血压、 心电图、眼压等

👣 由医生和主人共同做出判断

安乐死是指当人或动物生命即将结束时，使用一种减少痛苦的方式使其死亡。目前，日本家庭宠物安乐死的市场规模已达到亿元。对于与动物共同生活的人来说，这听起来可能很震撼，但有可能被迫做出这种选择的可能性绝不为零。

对于犬和猫的安乐死，并没有明确的标准或规定，可以由医生和主人共同做出判断。以下情况建议对宠物进行安乐死。

- 当治疗没有预期效果，病情严重
- 疼痛持续，无法通过药物控制
- 肺或心脏功能不佳导致呼吸困难，或是无法恢复并且伴有痛苦
- 不能自由移动或吃东西
- 卧床不起，几乎无法进行交流

但即使不幸出现以上痛苦的状况时，从家庭成员口中提出安乐死也是一件痛苦和不愿面对的事情，这也就是为什么需要医生提出建议的原因。但其实医生做出安乐死的决定也并不容易。

不同的医院可能会有自己的标准，如果是大医院，多名医生可能会讨论并考虑动物的生活质量来慎重判断。然而，他们仍然会犹豫，如果提议的时机可能会伤害到猫咪的家庭，有些医生就会选择不说。安乐死对于动物

宠物医生可以决定对猫咪进行安乐死吗？
是否有明确的规定呢？

来说确实是一个复杂的议题。

当听到医生提出安乐死时，主人们可能会下意识地强烈拒绝。但请明白这并不是一个轻率的提案，而是医生代替此时受情绪影响的家庭成员，理智地思考动物状况等因素后做出的判断。因此，如果发生不幸的状况，我们希望你可以跳出主人的立场，以小动物的心情做出好的决定。

> 如果作为治疗对象的动物没有治愈的希望，并且伴随着痛苦，或者陷入了严重的运动障碍、功能障碍等，被认为在动物福利上适合采取安乐死的方式时，宠物医师应与养育者充分讨论，并在养育者自身的决定基础上，让该动物安乐死，这是被允许的。
>
> 另一方面，也可能有其他原因使得必须实施安乐死，但无论如何，安乐死应被视为最后的选择，应由养育者和医生充分讨论后决定，这是一个应该被谨慎对待的问题。

出自：公益法人日本兽医师协会官网发布的《小动物医疗指导方针》

虽然选择安乐死是一个痛苦的决定，但其目的是释放动物的痛苦

👣 安全・快速治疗的最佳方法

所谓的固定是指在给动物进行治疗或处理时，为了确保安全而使其保持不动。虽然从我们的角度看这非常正常，但是猫咪们无法理解它们正在经历什么，从猫咪的感受看起来像是在强行制约它们，所以有些猫咪会因恐惧而挣扎或咬人。许多主人对这样的情景感到心痛。

对于猫而言，如果它们感到恐惧或紧张，它们会自然而然地抵抗并试图逃离。即使在家里是温顺、平静的猫咪，也可能会用我们意想不到的方式逃走，使得在医院里追捕它们变得非常困难。何况如果不能进行正确的治疗和操作，那就更加令人烦恼了。

👣 学习对猫咪 没有负担的固定方法

尽管固定看似简单，但它需要高度的技巧。虽然看起来可能施加了很大的力，但实际上只在关键点上施加适量的压力，以确保不给猫咪带来负担。根据不同的情况，可能会使用伊丽莎白颈圈、毛巾、洗衣网、可以容纳整只猫的袋子、皮手套等各种工具。

按照猫咪的性格，抓握的方式也会有所不同，并不是每只猫都适用于相同的固定方法。抓握的力度和方式有一定的技巧，所以可能有的医务人员会比较擅长，有的可能就不太擅长。为了尽快完成固定，医务人员在学

更轻松的方法来固定猫咪呢？

在诊查时，是否有

校和医院都接受过观察动物状态和行为进行固定的培训。因此，请不必担心固定会对猫咪带来伤害，这是为了猫咪的安全而做出的措施。

近年来，还有一些设备使用了防止移动的固定工具。例如给猫咪做 CT 时，为了避免移动或偏离，曾经进行全身麻醉，现在可以通过使用粘扣带等固定器材实现无麻醉检查。

动物的固定对于进行准确的检查和必要的治疗是不可或缺的。因此，诊所也在不断改进固定方法和工具，以减轻猫的负担，让整个过程尽快安全地完成。

剪指甲或喂药时的简单固定方法

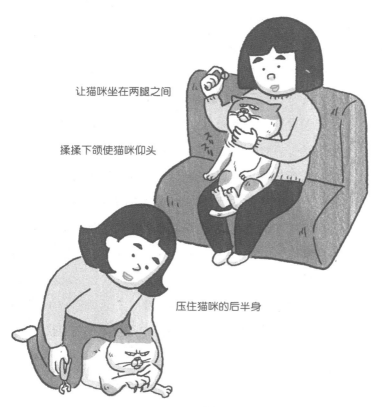

让猫咪坐在两腿之间

揉揉下颌使猫咪仰头

压住猫咪的后半身

虽然固定看起来很难受，但减少猫咪的负担让诊疗尽快安全地完成才是第一位的

老猫经常便秘，有什么解决办法吗？

🐾 首先是医院的治疗和在家的护理

如果是轻度便秘，可以通过对猫咪影响较小的简单处理来解决。但是对于顽固的便秘，需要通过血液检查、X射线检查等方式来确认全身状况，然后进行必要的治疗。便秘时常见的治疗方法有两种，一是用手直接取出粪便，叫作摘便；二是通过肛门向肠内注入液体，促进排便，叫作灌肠。

摘便是通过手指取出已经硬化的粪便，但由于可能会伤害到肠道，因此最好去宠物医院处理。灌肠相比于摘便对猫咪的影响较小，但如果猫咪过于紧张，可能会导致粪便无法排出。此外，排便的时机可能会在回家途中的携带箱内或者在房间里走动时，这可能会导致猫咪弄脏自己或者家里残留大量的粪便味道，变得非常麻烦。此外，根据便秘的状况和猫咪的性格，有时需要使用麻醉剂或镇静剂以确保安全进行。

治疗过程中，可能会使用改善消化功能的药物或者泻药。医院开具的泻药有片剂或者糖浆等不同种类，可以根据猫咪的性格和体质进行选择。在家中可以尽量让猫咪多喝水，或者将干猫粮用水泡软，或者提供富含膳食纤维的食物和乳酸菌制剂等。也可以尝试将氧化镁或者车前草粉混入食物中，或者给予少量白色凡士林，或者让猫咪舔食橄榄油等，请尽量选择猫咪不反感的方式。

😾 便秘慢性化会导致严重疾病

便秘不但会造成不适和痛苦，而且长期慢性化可能导致巨大结肠症。巨大结肠症是由于便秘导致结肠被撑大，无法正常排便，粪便在肠道内积聚的疾病。

随着年龄增长，猫咪的消化功能和肌肉力量会衰退，排便就会变得越来越困难。如果病情恶化，甚至可能会导致死亡，因此不容小觑。如果你发现猫咪的排便次数减少，粪便变小，或者在厕所停留时间变长，那么不要等，尽快带猫咪去医院检查。

今天也拉不出来……

富含膳食纤维的食物、泻药、灌肠、摘便，采取适当的对策缓解便秘

宠物医院中也有像肿瘤科、牙科这样的专科医院，是不是去这些专科医院会比较好呢？

🐾 可以通过其所属学会或团体进行确认

近年来，动物医院中也出现了标注"肿瘤科""牙科""皮肤科"之类专业标签的医院。当爱猫被诊断为癌症，或者口腔疾病日益严重时，主人们会希望找专科医生来进行诊断，这种想法是可以理解的。在人类的医疗领域，专科是非常重要的，可能在动物医疗领域也会有同样的感觉，但是动物医疗中的专科医生定义是不同的。标榜专科名称的动物医院通常是指在该领域发表论文、具有丰富病理经验，并接受过专业学术培训的动物医生在场。他们并不一定是常驻的，有的医院会定期邀请外面的专科医生来坐诊。

医院网站上的医师简介栏中，如果有"所属某某学会""所属某某协会"这样的记载，那就意味着这个医生是某个特定领域的学会或团体的成员。这表示他们对这个领域有着充分的了解。至于他们在这个领域的熟练程度则因人而异。

🐾 经过系统学习并通过考试后可以成为"认证医生"

成为一名兽医需要完成系统的教育、实践培训以及资格认证。首先，需要通过考试进入开设兽医学专业的高校，学习动物解剖学、生理学、病理学等专业课程，并掌握诊疗、疫病防治等知识。在校期间或毕业后，需通过在动物医院、农场等场所的实习积累实践经验。

　　完成学业后，必须参加全国统一的"执业兽医资格考试"，通过考试后获得"执业兽医资格证"。随后，还需在所在地的相关部门进行执业注册，获得合法从业资格。成为兽医后，为了跟上行业的发展，还需要持续学习和进修，不断提高专业水平。

　　专科医生和认证医生大多在大学医院或高级别诊疗机构任职，因此如果希望接受他们的诊治，通常需要普通诊所的主治医师出具的介绍信。作为了解爱猫状况的主治医生，他们能告诉你是否有必要去找那些专科或认证医生进行复查。

专科医师和认定医师的定义在动物医疗领域是复杂的，可以考虑作为寻求第二意见时的选择。

专业猫咪按摩

全身麻醉、局部麻醉以及镇静有何不同？它们各自的优缺点是什么？

进行手术或其他治疗时需要麻醉的原因有两点。首先，是为了保证患者在操作过程中不会动（固定）。人类的场合，只需要求他们保持不动即可，但对于猫咪来说，这种方法并不管用。如果猫咪动作过多，检查的时间会被拉长，猫咪的压力也会增加。通过麻醉达到固定的效果，可以让治疗过程更加安心。其次，麻醉是为了让动物在无痛状态下接受治疗。痛苦既会给精神带来压力，也会给身体带来压力，所以可通过麻醉来避免让猫咪感到疼痛。

麻醉分为全身麻醉和局部麻醉，此外还有一种类似的处理方式是镇静。全身麻醉可以使宠物保持静止，同时在手术过程中不会感到痛苦。全身麻醉可以保证长时间的手术或者 CT、MRI 等检查的稳定进行。然而，全身麻醉会对心脏和肺部功能造成压力，对年老或病情严重的动物来说风险较高。在进行全身麻醉前，医生通常会通过血液检查等方法来确认肾功能和肝功能，只有在判断没问题后，才会进行手术。

局部麻醉虽然可以使患畜平静并预防疼痛，但无法达到固定的效果。它适用于例如小型良性肿瘤切除或者只需要少数几针缝合等手术，即使猫咪有少许动作也不会造成问题。在选择局部麻醉时，会考虑动物的性格以及手术部位。即使原本计划使用局部麻醉，但如果手术过程中动物的动作超出预期，可能会选择转为全身麻醉以保证可以更安全地进行治疗。

镇静处理用于在安置尿管等情况下，或者在去除长毛猫严重毛球等场合中使用。通过使用低剂量的镇静药物消除猫咪的痛苦和不安感，以便于安全进行操作。通常，当猫咪因恐惧而无法进行检查或治疗时医生会使用镇静处理。特别是对于容易因恐惧而陷入惊慌的猫咪来说，强行进行治疗可能会增强其不安记忆或有受伤的风险。

许多主人会对全身麻醉带来的高风险感到犹豫。但实际上，全身麻醉会在监测心电图和血压等情况下进行，会非常谨慎。此外，麻醉药物也在不断进化。所以我们更希望主人能重视其优点而非缺点。如果主人有任何疑问，可以与主治医生充分沟通，充分了解治疗效果后再为猫咪选择最好的治疗方式。

全身麻醉是一个安全的选择，有助于猫咪无痛、无恐惧地接受检查或治疗。通过预先的血液检查和监测，能将风险降到最低

不要碰我！！

中药和补充剂能期待多少效果？如何正确使用？

🐾 目前缺乏证据支持

关于中药和补充剂是否有效果，由于缺乏数据支持，并不能明确地给出答案。使用中药时，因为每次剂量较大或者气味较浓，对猫来说难以持续投喂，所以治疗效果的报告相对较少。此外，了解中药的兽医师也比较少见。

我的一位同行曾在给患有膀胱炎或尿石症的猫咪治疗时，开具了有利尿效果的中药。他表示猫咪最后被治愈并且没有复发，所以可能是有效的，但同时也不能排除饮食或其他因素的可能。

🐾 无法明确
具体效果和功效的营养剂

营养剂并非药品，因此往往不能做出关于具体效果和功效的声明。在缺乏科学证据的情况下，医生不能将这些营养剂主动作为治疗方案的主导。事实上，有些医生甚至选择完全不使用这些营养剂。在许多动物诊所里，这些营养剂更多的是作为一种辅助性的治疗手段使用。

尽管如此，也有一些兽医根据自身经验以及主人的反馈和宠物的具体表现，决定是否适时地使用这些营养剂。

🐾 试一试也无妨，
只是不要对效果抱有太大期望

　　市面上流行的一些口腔护理和有益于关节治疗等的营养剂，可以期待一定的效果，并且有些动物医院也会推荐使用，所以询问一下医院是否有提供这些产品也是不错的选择。尽管具体的效果可能无法直接告知，但无论是中药还是营养剂，只要在动物医院有持续使用的记录，那么它们就一定得到了大量宠物主人的信赖和支持。在动物营养剂的市场上，新产品层出不穷，但效果欠佳的产品往往很快就会消失在市场之中。那些在动物医院得以长期使用的产品，无疑是得到了一定数量的饲主认可，他们从中感受到了某种改善（尽管无法具体描绘）。与网络广告和口碑相比，动物医院的推荐无疑更具信誉。首先以试一试的心态去尝试，同时配合其他治疗手段无疑是一个可行的选择。

在动物医院长期使用的中药和营养剂产品是值得信赖的

这款保健品不错哦!

是吗？让我看看

动物和人之间可能传播的疾病有哪些？

2022 年，关于猫感染人类的新型冠状病毒的新闻引起了广泛关注。如果情况反过来，很可能会导致许多人放弃饲养猫咪。在第 80 ～ 81 页的表格中，我们列出了猫传播给人的典型疾病。但如果坚决把猫养在室内，并确保人和猫都生活得干净，几乎所有这些疾病都可以通过人类的防范来避免。

偶尔会发生一些特殊病例，例如一些有基础疾病或免疫功能低下的人可能会出现严重症状，以及可能对怀孕妇女和胎儿产生影响的先天性弓形虫病等。然而，这些情况事先是可以预见的，所以在决定与猫咪生活在一起之前，我们应该考虑这些因素。如果有任何不适或不安，首先应该前往医院寻求帮助。

猫和人之间传播的疾病

大多数的感染疾病都可以通过彻底地将猫室内饲养，并妥善照顾它们来预防。如果让猫出门，它们可能会无意间卷入争斗，或者被虫子叮咬。即使在室内，也要尽快处理排泄物，避免过度的肌肤接触等，务必注重适当的饲养方式。

● 孢子丝状菌症

丝状菌是一种霉菌，也称为皮肤真菌病或癣，我们日常称为"猫癣"。免疫力低下的老年猫和营养状况不良的幼猫可能存在感染和发病的风险。如果出现头皮屑和脱毛，应该怀疑是否患上了此病。一般情况下，即使人类接触了丝状菌，也会被免疫屏障阻断，不会立即感染和发病。然而，对于儿童、老年人和免疫力低下的人，需要注意感染风险。与猫接触后，务必经常洗手。感染后，皮肤上会出现红色环状的皮疹，并伴有瘙痒感。此时应该就诊于皮肤科，进行抗真菌药膏或口服药物治疗以改善症状。

● 猫抓病

　　猫抓病是一种在被猫抓伤或咬伤后可能发生的疾病。即使是健康的猫，体内也可能携带巴尔通体这种细菌，并引起该菌的炎症。巴尔通体通过跳蚤传播给猫，因此首先应该使用驱虫药物清除跳蚤。定期修剪猫的爪子，如果被抓伤或咬伤，应该用除菌肥皂清洗伤口并进行消毒。轻度情况下，伤口通常会自然愈合，但如果伤口持续疼痛，请咨询皮肤科医生。使用抗菌软膏或口服药物等进行治疗可以改善症状。

● 巴斯德菌病

　　巴斯德菌是一种病原体，几乎所有猫口腔中都有。犬和猫感染该菌通常不会出现明显症状，但在人体中，可能通过被感染的狗或猫咬伤、抓伤或与宠物共用食物等过度亲密接触而感染。可能出现伤口化脓和呼吸系统症状（不同于感冒的症状，可能是肺炎等）。如果被咬伤，首先用水清洗和消毒，并在发热或疼痛的情况下就诊于内科或皮肤科等医院。抗菌药物治疗通常在一周左右会有改善。对于免疫功能低下的人，可能会发展为严重病情，因此需要注意。请在医疗机构接受适当的诊断和治疗。

● 重症热性血小板减少综合征（SFTS）

　　这是由 SFTS 病毒引起的感染症，症状包括发热、腹痛、呕吐、腹泻等。人类的感染途径主要是蜱虫，但也有报道称通过被叮咬的猫传播感染的案例。由于人类的致死率达到 10% ~ 30%，因此应该注意。由于目前尚未确立有效的治疗方法，因此预防非常重要。对于人类来说，在前往自然环境复杂的地方时应减少肌肤的暴露来预防蜱虫。对于猫来说，应该严格室内饲养，并使用针对蜱虫的驱虫剂等进行预防。

● 弓形虫病

　　这是由一种名为弓形虫的寄生虫引起的感染症。大多数情况下，症状类似于感冒并且会自然痊愈。人类感染弓形虫病是通过食用不完全加热的肉类导致的。猫传播给人类的感染很少见，一般发生在接触被感染猫的粪便污染的水或食物时，但这种情况并不常见。猫之间的感染也是通过感染猫的粪便或老鼠等小动物传播的，因此应该坚决室内饲养，并避免与环境中可能食用老鼠等的猫过度接触以进行预防。如果猫感染了弓形虫病，其粪便中可能会排出寄生虫卵。寄生虫卵需要超过 24 小时才具有传染性（在排泄后），因此只要在戴手套的情况下在 24 小时内彻底清洁猫砂盆，通常不会有问题。如果仍然担心，可以通过煮沸消毒猫用的餐具和猫砂盆等方式使寄生虫卵失去传染性。如果在怀孕期间感染，可能会导致先天性弓形虫病。虽然大多数情况下没有症状和问题，但由于症状可能因妊娠时期而异，如果有任何不适，应咨询医生。在产科医院可以进行弓形虫抗体检查。

即使出现问题，也请不要怪罪于猫，应该通过适当的饲养环境和预防措施来防止感染

最新的动物医疗发展到什么程度了？

👣 日新月异的动物医疗

"猫（动物）是家庭成员"——如今，这已经是被与猫咪共同生活的人们所广泛接受的观念。我们关心它们的饮食和生活环境，与它们分享日常的喜怒哀乐，无疑它们是我们宝贵的家人。

但同时，作为有生命的存在，它们往往比我们更快地老去。许多时候它们会比我们先走向生命的终结。可能陪伴猫咪走完生命的最后一段旅程，是我们作为家庭成员能展现的最后一份爱意。在很久以前，当年老的猫咪渐渐失去活力，然后离开人世，会被认为是自然的事情。人们大多数会认为猫是平静地因衰老离开的，坦然接受它们到了天命的事实。

但是现在情况已经不同了。在迷你达克斯猎犬和吉娃娃等小型犬流行的第二次宠物热潮中，2010 年后也开始了前所未有的猫咪热潮。这种热潮带动的宠物商业的发展，既有好的一面，也有不好的一面。但首先，医疗进展无疑是好的一方面。

过去认为无可治愈或无法缓解的各种疾病，在近几年里已经出现了多样的疗法选择，为猫咪的康复和缓解带来了希望。此外，宠物护理师考试也越来越专业化，获得资格的工作人员将能提供更广泛的治疗和健康管理支持。这背后，无疑也映射了人们对动物医疗的期望。

👤 主人的期望推动药物、设备和技术的进步

慢性肾功能不全和猫传染性腹膜炎（FIP）等曾经被视为无法治愈的疾病，现在已经有了可期待效果的新药物，它们正不断地被研究和开发，而且已经有一些新药正在进行临床试验。在新型癌症治疗方面，"癌症免疫细胞疗法"也受到了广泛关注。

不仅仅是治疗，随着检查设备和技术的进步，疾病的确诊范围也变得更广泛。同时，宠物医生的意愿和志向也发生了变化。

猫、狗和其他动物作为重要的家庭成员，当它们患病时，主人们希望能够尽力帮助，愿意为它们做任何可能的事情。因此，面对主人的期望和要求，医生们不断进行信息收集和学习，积累经验。正因为如此，动物医疗领域不断进步和发展。当然，仍然存在许多无法治愈的疾病，治疗并非总能成功。因此，与此同时，关于缓解护理的研究也在进行，即使无法挽救生命，也可以减轻痛苦和苦难。另外，对于 8 岁以上的老年猫，还可以增加一项甲状腺素（T4）的测量。甲状腺功能亢进症（甲亢）的早期症状是老年猫表现出活跃和增加食欲，看起来精神良好。尤其是出现夜间哭叫、攻击性增加或行为变化等特征性症状。如果症状加重，还可能出现高血压的情况，因此需要注意避免过度兴奋。

设备的升级、药物的开发以及技术的进步，主人们的期望推动了动物医疗的发展。

🐾 动物专用设备的出现 使得更精确的检查成为可能

与人类医疗一样，动物医疗也依赖于设备、药物和技术（手术和疗法）来实现。以往如患有肺水肿等疾病的病例，只能在氧气室中等待肺功能恢复，但如今借助人工呼吸器的应用，有可能拯救更多的生命。

无论症状如何，如果不能明确病理和原因，就无法进行治疗。过去主要是利用 X 射线设备和超声诊断设备进行诊断，如无法诊断则需要进行探查性开腹手术。但现在，如果 X 射线或超声无法诊断，也可以使用 MRI 或 CT 等检查设备，无需开腹即可通过静态图像查找病因。

然而，引入价值数千万元的医疗设备并非易事，因此普通的动物诊所很少引入这些设备，相关检查大多需要在大学医院或高级别医疗设施中进行。最近，一些城市中也出现了专门进行影像诊断的医院，吸引了不少来自普通诊所的宠物主人来就诊。

通过 MRI，可以确诊类似癫痫或麻痹等的脑部或脊髓疾病；通过 CT 扫描，可以确定肿瘤的有无、大小和位置，从而制定治疗方案和手术计划。

即使是看起来健康并有食欲的动物，在血液检查中发现轻度贫血后通过 CT 扫描可能会发现甲状腺癌，或通过检查发现喉部肿胀、吞

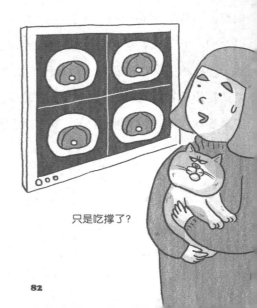

只是吃撑了？

咽困难，进而确定为扁平上皮癌等，这些都得益于高精度的检查手段。最近，还出现了与专用心电同步，能够消除心脏运动引起的伪影并拍摄图像的 CT，以及能够通过人工智能去除噪声的 MRI 等。原本这两项检查都需要全麻，但现在通过佩戴专用固定装置，可以进行无麻醉 CT 检查。此外，不仅仅是因为先进的设备，还得益于近年来国内外建立的认证医师制度，熟练的影像诊断医生不断增多，从而可以进行准确的检查，诊断的准确性也在逐年提高。与常规 X 射线相比，MRI 和 CT 的费用较高，但考虑到可以在不开刀的情况下高概率确定疾病的有无和原因，并确定随后的治疗方案，接受这些检查是值得的。

😺 被视为肾脏疾病特效药的"A1M"

在动物医疗的进步中，药物的进步也是一个重要的方面。其中，目前最受关注的是一种正在进行临床试验，用于治疗肾脏疾病的 A1M(Alpha-1 Microglobulin)。

这是东京大学的宫崎徹教授在研发人类药物时发现的，因为有望对猫的肾脏疾病有治疗效果而备受期待。在 2021 年临床试验即将开始之前，资金困难，研究陷入停滞。在这个消息成为网络新闻后，研究收到了自全国各地猫咪爱好者捐赠的总额高达 1.5 亿元的资金，使研究得以继续。这足以证明人们对猫的肾脏疾病治疗药物的热切期望。这个事情对整个行业产生了不可忽视的影响，A1M 医学研究所成立，宫崎教授的团队也在企业的协助下继续推进获得许可的临床试验。如果研发成功，这将成为猫肾疾病治疗的巨大福音，因而备受动物医疗行业的关注。

🐾 FIP 能被治愈吗？

猫传染性腹膜炎（FIP）是由猫冠状病毒引起的一种不治之症。虽然许多猫都携带猫冠状病毒，但突变后会导致身体产生严重的炎症，使疾病迅速恶化并导致死亡。这是一种非常可怕的疾病，从发病到死亡的时间大约只有 9 天，且特别多发于幼猫。因为这个疾病，很多宠物主人曾目睹他们幼小的宠物过早地去世。尽管医生和研究者已经尝试了各种治疗方法，并进行了大量研究，但一直未找到有效的治疗药物。

然而，美国最近发布了被认为对此病有效的新药 GS-441524，据称这种药使得 80% 的患有 FIP 的猫咪得以改善或痊愈。这一结果在动物医疗行业引起了广泛的关注，全世界的猫爱好者的期待也随之升高。尽管此药物在日本尚未获得批准，但医生可以在特殊情况下合法进口并使用该药进行治疗，因此日本也有实际使用并取得效果的案例。关于 GS-441524 的信息正在世界范围内迅速传播开来。不过，也有一些主人自行进口药物并委托动物医院进行治疗的情况，但由于不能保证购买渠道，药品质量无法保证，因此必须小心为上。

此外，近年来被批准用于治疗人类新型冠状病毒感染（COVID-19）的抗病毒药物莫匹拉韦（Molnupiravir）也被期望用作 FIP 的治疗药物。与 GS-441524 相比，它的价格更为亲民，且已经获得批准，所以宠物医生可能更倾向于使用它。然而，关于这种药物能否提高治疗效果的研究成果仍然尚未明确，我们期待未来更多的临床报告。

发展到什么程度了？ 最新的动物医疗

🐾 肿瘤（癌症） 的三大治疗方式

癌，无论是对猫而言还是对人类来讲，只要听到这个疾病名就足以让人感到恐慌。虽然任何疾病的最佳状态都是早期发现、早期治疗，但是与人类不同，就猫的癌症而言，早期发现非常困难。猫食欲缺乏、没精神、出现肿块……当意识到猫咪的状态与平时完全不同后带它去医院做检查，结果被告知是癌症时猫主人是非常痛苦的。通常在这个阶段，癌症已经在猫咪身体内部发展到较晚期了。

癌症的主要治疗方法包括手术治疗、化疗和放疗。

手术治疗包括切除恶性肿瘤的根治手术和缓解症状、控制病情进一步发展的姑息治疗。有些情况下，如果癌症转移或者位于部位较为特殊，完全治愈的可能性就较小了，但有时候通过一次手术也可能完全治愈。

化疗是通过注射或静脉滴注将抗癌药物送入体内以杀死癌细胞的方法。这是目前最常见的癌症治疗方法。正如"杀死"这个词所暗示的那样，由于抗癌药物非常强效，可能导致体力下降、胃口变差，以及一些其他的症状，其治疗效果也是有限的。但是，化疗的优点是不需要进行手术或麻醉，治疗时间短，对猫的影响较小。

放射疗法是通过射线照射癌细胞，将其烧灼，从而进行癌症治疗。由于需要特殊的设备，以及治疗费用较高，选择这种治疗方法的人并不多，但最近似乎有所增加。对于鼻腔或脑内等无法通过手术治疗的部位的肿瘤，放疗可能是个有效的方法。

以上三种就是动物医疗中常用的癌症治疗方法。除了化疗之外，其余两种方法都需要全身麻醉。

🐾 使用自己的免疫细胞抑制癌症
——癌症免疫细胞疗法

最近一种名叫癌症免疫细胞疗法的治疗方法备受关注。免疫系统是保护我们免受外部物质侵害的机制，它可以从身体内部识别并清除病毒、细菌和其他病原体等有害物质。

免疫系统保护我们的身体免受外部因素的侵害，如病毒、细菌和其他病原体等，它能找到并从身体内部清除这些有害物质。癌症免疫细胞疗法是从猫体内提取免疫细胞进行培养，然后再重新注入回体内的方法。这种疗法能增强并激活免疫细胞，使它们攻击癌细胞，从而提高全身的免疫力。虽然很少能完全治愈癌症，但可以期待它能够阻止疾病进一步发展，预防复发，并带来食欲增加、精力恢复等生活质量的改善。由于使用的是自身细胞，因此几乎没有明显的副作用。

此外，虽然不是癌症，但也有专门治疗猫咪常见的肾脏疾病的医院出现，提供与人类相似的血液透析服务。这种治疗方法类似于人类通过血液清除废物和多余水分。特别是对于急性肾脏病例，可以期待治疗效果。

🐾 癌症免疫细胞疗法的过程

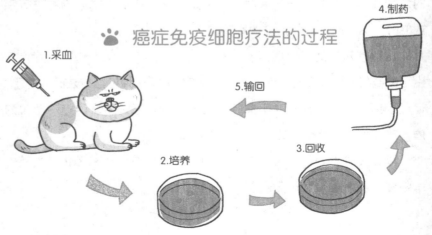

1.采血　　5.输回　　4.制药　　3.回收　　2.培养

希望多种选择的存在，不会让主人们感到困扰

新药物的研发、新的治疗方法的应用，使得动物医疗科技稳步进化。与 10 年前相比，很多原本无法治愈的生命现在都有了希望，这无疑是一件非常值得欣慰的事。

然而与此同时，选择的多样化也可能给宠物主人们带来一些困扰。首先是经济问题。除了治疗本身的费用，动物医疗中还包括预先检查和药物费用等，在没有宠物医疗保险的情况下，这些费用可能高达数十万元。在决定放弃治疗时，有些人可能会感觉自己是为了金钱放弃了宠物的生命。

此外，还涉及一个根本的问题，那就是治疗的必要性。治疗是为了谁而进行的？我们或许需要重新考虑这个问题。我们将宠物视为家庭成员，当然希望能够帮助它们。但对于动物来说，我们无法确定它们自身的意愿。想要让它们活得更久是否只是我们自己的私心？是否它们不愿意或惧怕在医院中接受治疗？一旦开始深入思考，问题会无穷无尽地涌现。此外，对于年老的宠物和 1 岁、2 岁的宠物来说，人们的看法和情感也可能会有所不同。

当我们的爱猫生病时，冷静地做出选择和决定是很困难的。因此，我们建议在宠物健康的时候，就提前决定自己的选择方案、经济能力范围和决策准则。这将帮助我们思考什么是我们最好的选择……通过考虑这个问题，可能也会让我们重新认识到，现在宠物健康的时光是多么的珍贵和重要。

猫咪在终末期需要什么样的缓和护理？

我们可以做些什么呢？

🐾 以提升生活质量
为目的的医疗护理

缓和护理是指针对受到严重疾病威胁的动物和其家庭实施的预防和减轻身体疼痛以及心理护理苦楚等的护理措施。这种医疗护理的目标就是提高动物和家庭的生活质量（QOL：Quality of life）。根据猫咪的病情程度以及主人的情况，缓和护理有多种选择。

🐾 在家使用
皮下输液或氧气箱

基本上是以在家中由家人进行护理为主，并定期到动物医院就诊。现在也有专门提供上门服务的医生，他们可以帮助皮下输液和投药。另外，皮下输液治疗也可以在医院准备好输液套件后，由主人在家给猫进行点滴。

疾病的不同会导致晚期症状的差异。为了帮助猫呼吸得更轻松，使用动物专用的氧气箱也是一个有效的方法。大多数诊所都可以向你介绍提供这种设备的租赁公司。对于老年猫或神经系统疾病的宠物，如果有剧烈的夜惊、徘徊、打转等症状，也可以考虑给它们使用有镇静作用的药物。

🐾 优先考虑猫咪想吃的和能吃的食物

如果猫咪食欲下降，不必特别执着于疗养饮食，优先考虑让它吃自己喜欢的和看上去美味的食物。即使是之前不吃的东西也可以尝试给予，现在可能会吃下。另外，根据情况也可以和兽医商量使用食欲增进剂，或者使用无针头注射器喂食糊状食物的方法强制喂食和喂水。

近年来，出现了许多专为护理和照护而设计的食物，选择范围也更加广泛。在晚期情况下，应该确认正在给予的药物是否都是必要的，尽量减少不必要的药物使用，如果需要注射的话可以带去医院。

🐾 环境布置也很重要

即使在身体不适的情况下，猫咪也会努力自己走到厕所。由于有时候它们在途中就忍不住解便，你可以在通往厕所的路上放置宠物尿垫，并将垫子固定在地板上以防止滑动。如果病情继续发展，可能需要使用猫咪纸尿裤。如果猫咪行动困难，也可以向医生咨询是否可以使用减轻疼痛的药物。

然而，对猫咪来说，最好的舒缓方式可能就是在熟悉的环境中继续生活，躺在自己喜欢的地方休息，旁边有它深爱的主人。在不让猫咪感受到压力的范围内，给予他们关爱的声音和触摸。这同样也是照顾和安抚主人内心的方式。

终末期的猫咪需要的是食物、药物、舒适的睡床，以及主人的手、声音和温暖

有肛门腺破裂的猫咪，需要定期挤压吗？

肛门腺是犬和猫臀部（肛门）两侧的小型袋状分泌腺。它位于肛门的左右两侧，大约在 4 点钟和 8 点钟的位置。里面填充着具有强烈气味的分泌物，通常在排便或兴奋时会自然分泌。这些分泌物从形状到气味都因个体而异。因此，猫咪可以通过这些分泌物来识别彼此，或者用于标记领地等。

对于猫咪而言，很少会发生分泌物堵塞的情况。但如果它经常舔自己的臀部或在地上摩擦臀部，可能就是已经感到不适，或者肛门腺已破裂并引起了炎症。这种症状被称为肛门腺炎，需要在动物医院接受治疗。如果肛门腺破裂，可能会伴有出血，看起来相当令人担心。

带它去医院，让医生清洗受伤部位，并按医生的建议进行后续治疗。根据情况的严重程度，可能需要一段时间的定期就诊。对于经常出现这个问题的狗，有时可能需要手术切除肛门腺，但猫很少需要这样的手术。如果肛门腺的分泌物能自然排出，就不需要人工挤压。许多猫都未被挤压过肛门腺。然而，有个别猫咪由于体质或结构上的差异，分泌物较硬，容易堵塞。在去医院的时候可以请医生确认一下，这样会更好。

🐾 最好还是在医院进行处理

如前所述，如果你的猫表现得对屁股感到不适，为了安全起见你应该检查一下它的肛门周围。如果出现与粪便不同的气味，以及肿胀或发红等症状，可能是分泌物堆积过多。首先，请先带去给医生检查。对于经常容易堵塞的猫咪，主人可能会想在家里进行清理，虽然这需要技巧并可能有一些困难。但如果已决定要实施，请做好会有强烈气味的准备，在浴室等地方进行会比较方便。第一次做的话，预计猫咪会有很强烈的反抗，还是建议带去动物医院让医务人员教你如何操作比较安全。

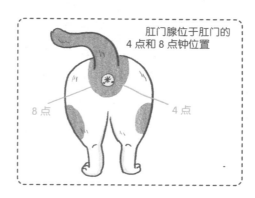

肛门腺位于肛门的
4 点和 8 点钟位置

8 点　　4 点

有的猫咪容易堵塞，有的猫咪不易堵塞，应尽早进行检查并采取适当的处理措施

用屁股走路锻炼一下臀肌吧!

摩擦摩擦~

怎么有股奇怪的味道？

　　就像人类一样，动物医疗机构中也有能够接受病情突然恶化或遭遇意外等紧急情况的急救医院。这些急救医院的形式各异，有的仅提供夜间服务，有的提供全天候服务。还有一些城市的初级诊疗机构也设置了夜间急诊制度，可以接收急症患者。

　　动物到达医院时通常已经处于严重状况，因此首要任务是优先进行急救检查和紧急处理。可能需要进行药物治疗、注射甚至手术。在治疗之前会进行血液检查和超声检查，以确定导致症状的原因，例如肾脏疾病、胃肠炎、误食，或者是心脏和脑部等引起的癫痫发作等。治疗完成后，有7～8成的动物症状会稳定下来并可以回家，随后需要在第二天到常规的动物诊所继续后续治疗。但还有2～3成的动物由于情况严重，可能需要手术或住院治疗，其中一些动物可能会不幸去世。

早期发现疾病
和提防意外事故

　　大多数到急救医院就诊的小动物并非突然病情恶化，而是在此前的某个时段，它们就患上了疾病并逐渐加重，最终呈现出了明显的症状以至于需要进行急救。多数主人在日常生活中并未意识到或怀疑宠物患有疾病。

动物急救医院在夜间或周日也可以接受无预约就诊吗？

动物夜间急救医院

夜间急救

急救医院里充满了被忽视的严重疾病
和不可预知的意外情况

如果主人对宠物的疾病有所认知，他们会在最早见到异常时就马上带它去看医生，这种情况下很少需要紧急救助。当主人意识到一直看似健康的宠物实际上患有严重疾病时，会感到困扰。这就凸显了定期健康检查的必要性。

　　另外，急救医院经常面对的还有各种意外事故，尤其是误食异物。猫猫经常会吞食线类物体以及团状玩具、羽毛之类的东西。如果能够迅速察觉并在异物还在胃里的时候抓紧就医，可以通过内窥镜取出。但是如果异物已经进入肠道，就需要进行开腹手术了。肠道运动复杂，线类物体可能会缠入其中，使情况变得非常危险。异物误食是绝对要避免的事故。

　　此外，防水喷雾剂也是需要注意的物品（参考第 55 页）。相比于疾病，这些意外事故大部分都可以通过主人的警惕性来防止。当然，我们都知道，无论我们多么小心，猫咪还是会做出一些让人意想不到的行为。

　　急救医院是挽救生命的最前线，发生在这里的案例提醒我们，猫咪的安全与否取决于主人的意识。我们要始终保持警惕，为猫咪打造一个整洁、安全的生活环境，尽可能避免发生让它们需要去急救医院的情况。

　　但在不幸的情况下，为了能迅速而不慌乱地求助于急救医院，最好提前了解附近的急救医院，并在首次就诊时带上正在使用的药物名称（或实物）、过往病史等记录，以及血液检测结果等资料。可以将这些物品在平时就收纳到猫咪旅行箱中。

动物急救医院在夜间或周日也可以接受无预约就诊吗？

感谢医生一直以来对猫咪的照顾。

为了心爱的猫咪，想与医生建立起良好的关系，但应该怎么做呢？保持什么样的距离最好呢？

想要更深入地了解一些关于宠物医生的事情！

宠物医生

如何获得第二意见？

告诉首次诊断的医生还是不告诉呢？

🐾 医生会推荐其他
合适的诊所进行检查和诊断

第二意见是指在第一个看诊的医院以外的医疗机构那里寻求第二个观点。许多人会觉得这样做似乎在质疑第一个医生的诊断，因此他们经常烦恼于如何寻求第二意见。

通常，在动物诊所中，医生会对症状进行综合诊断。如果他们没有进行高级检查所需的医疗设备，或者诊断和治疗困难，以及涉及需要经过认证的医生才能提供的高级医疗服务的情况，诊所方面可能会建议在高级别医院接受诊疗。如果主人希望接受第二意见，主治医生将联系合适的医院，安排诊疗预约并准备推荐信。他们也会提供检查的数据等，您只需携带这些数据就诊，这样宠物的第一次诊断结果就会与第二家医院的医生共享了。

🐾 由宠物主人
主动提出的场合

另一方面，即使主治医生没有提出，宠物主人也可能希望得到另一个医生的诊断。例如，可能希望再次请拥有大量病例的医院或经验更加丰富的医生看诊。在这种情况下，请务必向主治医生传达这一信息。你可能会担心这样是否失礼，但最重要的是为心爱的猫咪提供适当的治疗，不是吗？当想提出这个事情时，你可以用诸

如"我理解了您的观点，但这是一个重要的问题，我希望在做出决定之前尽可能收集更多信息。所以还想听听 ×× 医院的看法"或者"我想在开始治疗前得到更多人的支持，所以我还想听听其他医院的意见"这样的表达方式。

　　当去其他医院时，尽量准备一些能够了解治疗进展的详细资料，例如诊断书、检查结果等。对于需要寻求第二诊断的兽医来说，关于治疗进展的资料是非常有价值的信息。详细确认已经进行过的检查内容、药物种类和用量、诊断名称等信息，可以用备忘录记下来，然后向第二意见的医生传达这些内容。

　　无论如何，首先要考虑是否真的需要第二意见。根据猫咪的病情，有时更换医院或进行新的检查可能会对其体力造成负担。与初诊医生进行充分的交流，冷静地思考是否正确理解了爱猫的当前病情和治疗内容十分重要。如果有不明白的事情或者有担心和不安的地方，无论多少次都要向医生确认并请其解释。为此，平时找到一位自己容易沟通的宠物医生是非常重要的。

寻求第二意见是正常的诉求，
但也需要慎重地判断其必要性

面对动物的死亡，
我们真的能够习惯吗？

如果我们查字典，会发现"适应"这个词的含义是"习惯于某种事物，以至于不再有任何其他反应"。从这个角度理解，作为动物医生的我并没有适应，也不能肯定未来会适应。

刚开始接触动物医疗行业时，看到眼前的动物一点一点地失去生气，停止呼吸，我感受到了一种无法言喻的无力感，这让我至今难忘。我想起了自己成为宠物医生的目的，不就是为了救助它们吗？然而，我却无能为力，感到自责、无力、悲伤……这些情绪盘旋在我的脑海中，有时会让我沮丧好几天。

随着经验的积累，医生会更加频繁地面临动物的死亡，但是如果每次都陷入悲伤或震惊中，就会影响到其他动物的诊治。因此，即使内心感到难过，也必须调整自己的情绪继续工作。所以我学会了控制自己的悲伤、失望等情绪，学会了如何转换心态。

但即便如此，在医院陪伴动物离世，看到主人在离别和死亡面前哀叹时，我还是会感到悲伤。

😺 习惯和冷漠是不同的

我认为大多数医生都没有习惯于动物的死亡，也不会变得对此无感。有些医生擅长转换心情，但在内心深处仍然存在着复杂的情绪，我觉得他们只是努力不去触及这些情绪。如果我们的悲伤和失望能够挽回生命，那就太好了，但那是无法实现的。因此，他们选择巧妙地控制情绪，将注意力集中在眼前的动物身上。但这样的反应可能会给旁观者留下"已经习惯了"甚至是冷漠的印象。

大部分想成为宠物医生的人通常都喜欢动物，并怀有拯救动物的志向。对于无法挽救的生命，他们会感受到另一种与宠物主人不同的悲伤和遗憾。有一位急诊医生说，他对那些不幸离世的动物的记忆比那些他成功救治的动物更深刻。与人类一样，医生和动物的每一次相遇都是独一无二的。我相信，所有与之有过接触的动物都将永远活在他们心中。

将悲伤和失望转化为拯救动物的力量

👣 通过时间来建立信任关系

将自己珍爱的猫咪的生命托付给一位可信赖的医生，这应该是所有宠物主人的期望。然而，尽管我们努力建立信任，有时我们会仍然觉得不放心。尤其是对于年轻的新人医生，人们往往会更加有这样的想法，可能是来自人际关系中的直觉吧。

就像找一个适合自己的伴侣一样，我们不应该期待一开始就找能到百分之百合适的医生，而是需要花一些时间去建立信任关系。回想自己刚成为宠物医生的时候，因为沟通时说话缺乏自信，可能让主人感到不安，我对此感到非常抱歉。即便如此，还是有一些人记住了我的名字，他们会在我给猫咪做检查的时候，一边观察他们心爱的猫咪一边与我交谈。如果能通过医生给猫咪注射疫苗或剪指甲等日常活动建立起良好的关系，即使遇到一些小问题时也会感觉更加轻松，并且更容易提出问题或诉求。我经常反思自己，但同时也感谢那些向我提问的宠物主人，因为这让我得到成长。

希望能够找到一个可信赖的医生

有些医生让我感到不安，

真是一个乖孩子哦～

这么一看好像还挺温柔的……

🐾 新人有着令人赞叹的
记忆力、接纳力以及成长速度

虽然刚刚毕业的医生可能经验较少，但他们是潜在的优秀人才。与老一辈相比，他们这个时代的大学课程变化很大，拥有更多的医学知识和最新的，更丰富的信息。

年轻一代凭借着超强的记忆力和接纳力可以迅速地吸收新知识。虽然他们缺乏经验，但当宠物主人向他们提问时，他们会努力做出回答。所以，当你不明白他们的解释时，不要犹豫，尽管继续提问。

🐾 有些医生对人
很冷淡，但对动物却很友善

另一方面，有些医生经验丰富，知识和技术都很出色，但可能比较寡默，话不多。因此让人犹豫不决，不知道什么时候提问比较好。这样的医生可能不喜欢闲聊。在兽医中，有一些讲究匠人风格的医生，他们不愿谈论自己的事情，只专注于治疗。但是，从他们对待动物的方式中可以流露出温柔和爱心。

有的医生很擅长与主人交流；有的医生虽然不擅长沟通，但对动物很温柔。虽然有各种不同类型的医生，但我们真正应该重视的是他们对待动物的态度和行为，毕竟兽医的工作就是治疗动物。

> 对于新人来说，要重视他们作为新人的个性；对于资深医生来说，要重视他们与动物相处时的姿态

😺 一个负面评价
就能产生巨大影响

不仅仅是宠物医院，对于商店、企业、商品和服务等的网络评论现在都产生了巨大的影响。这对经营也产生了影响，所以说不关心是不可能的。很多宠物医院都会查看这些评论。不过，也确实有一些医院完全不在意网络评论，甚至从不查看这些评论。

即使有 10 个正面评价，一旦出现一篇过分严苛的负面评价，人们还是会产生不好的印象，不是吗？由于工作的关系，我们会看到各种各样的评论，其中有些是合理且可以理解的，但也有些是给人误解，甚至感觉到恶意的评论。考虑到被评价的动物医生和工作人员的感受，这是令人遗憾的。但另一方面，即使是误会或误解，但如果投稿人能如此强烈地发表评论，那么医院方面也可能需要正视这个问题。

你觉得这些评价公正吗？

你关心网络评论吗？

啪啪
（打字声）

医生很友好……

102

👣 评论反映了
宠物主人的真实心声

　　负面评价中常见的内容主要是关于医生和工作人员的态度、解释不足等问题，这些都是就诊期间的沟通问题。动物医院的患者是动物，它们无法表达自己，因此主人可以说是它们的代言人，需要传达症状并听取解释。如果沟通不顺利，宠物主人们感到很不安也是理所当然的。近年来，动物医院的沟通问题也成为备受关注的课题，请参考第 110 页。

　　另一方面，负面评论中也会涉及医疗错误或药物错误等医疗方面的指责。对此，医院需要反省和改进，例如改进系统、进行员工培训等。

　　也有一些长期就诊的患者，他们从改进的角度提出批评。一些医院定期在整个医院范围内分享评论的内容，也有一些院长亲自回复每个评论，为了保持一定水平而不断努力。

　　最后，我有一个请求，正面评价对现场员工来说是一种喜悦，也是对工作的鼓励。在撰写评论时，严厉的评价虽然也很宝贵，但是如果同时也能写下正面的评价，我们将会非常高兴。

负面评价是进步的鞭策力，正面评价是喜悦和鼓励

如果被狠咬一口，医生会感到生气吗？有可能因此讨厌那只动物吗？

😺 被咬是因为医生的不足

无论是自己的猫还是客户的猫，甚至是流浪猫，如果被它们咬伤，我最初感到的是自己吓到了对方，太糟糕了。同时，我也认为被咬是因为自己技巧不足而感到羞愧。我认为这是因为我没有注意到猫的紧张和恐惧迹象，贸然伸出手惹到了它们而造成的。

对于有咬人习惯的猫，作为专业人士，如果事先进行了充分的沟通调查，就能制定相应的对策。可以根据猫的特性和性格，进行处理、检查和治疗等，以减轻负担并迅速完成工作。

造成猫咪咬人的原因有很多，例如因为触摸不当使猫咪感觉被吓唬从而变得激动。在这种情况下，多数医生可能更多地将问题视为自己没有准确预测情况，而不是猫咪的问题。无论在任何情况下，被咬或被抓伤都是我们自己的问题，是作为医生应该反省的，不过可能有一些故意不将责任归咎于自己的医生。

回想起来，我从未遇到过因被猫咬或抓而生气的医生。有些员工会开玩笑地说："我被狠咬了，哈哈哈哈！"但更多的是对自己的不足感到懊悔，或者选择对他人隐瞒被咬的事情，更别说会因此而讨厌那只猫咪，这是不可能的。

😸 没关系，不用在意下意识的反应

当然，医生也会有神经传导，所以如果被猛地咬伤或抓伤，会感到疼痛，那一瞬间可能会表情皱紧或者无意中发出声音。请放心这些都是正常的生理反应，而不是情绪。如果您的猫伤害了医生，作为主人，您肯定会感到很抱歉。医生肯定会很感谢您的关心，但是他们在进行治疗时就已经做好了自己可能会受伤的准备，所以无需道歉。相反，只要在猫咪康复时感到高兴就足够了。如果兽医的手或手臂有咬伤的伤口，可以在心里默默地对他们说："医生辛苦了！"这样就足够了。

合格的医生不会因为被咬伤或受伤而变得情绪化

🐾 寻求特殊待遇的人

无论是宠物医生还是其他工作者，在与大量客户（包括动物）打交道的工作中，令人困扰的是那些给他人（包括动物）带来麻烦的言行举止。

也许是出于对动物的爱，有些人会要求特殊待遇。例如，在拥挤的候诊室中，他们会提出各种理由希望提前就诊，或者是因为个人原因希望在工作时间外就诊。除非是紧急情况，我们希望他们能遵守医院的规定就诊。因为在这种情况下，即使其他动物正在接受诊察或治疗，工作人员也必须停下手中的工作来回应它们。我们理解每个人都认为自己家里的宠物最重要，但是我们希望大家能以相互理解的心态遵守顺序和规定。

🐾 对猫咪造成
负担的"医生购物"行为

第二点可能就是"医生购物"行为了。这是指宠物主人不满意诊断结果，或者对治疗内容过于挑剔，而在多家医院之间来回转诊的人。

与"第二意见"不同的是，"医生购物"行为是指先入为主地对医生或诊断结果产生单方面的不信任感，并反复转诊以寻找符合自己理想的医生的行为。如果在转诊的地方也得到相同的诊断但仍然不能接受，就会继续转到其他医院，导致治疗过程一直处于中转状态。接下来的医生接手时也无法获得完整的病历信息，所以常常需要重新进行检查，这给动物们带来了难以估量的负担。

👣 主人和医生是 拥有相同目标的合作伙伴

我还想到的是那些完全不听兽医解释、自行停止治疗、情绪激动爱生气的人。不过实际上，宠物医生重点关注的是动物，因此对主人的个人特点和行为态度的观察相对较少。

我们更希望宠物主人能够作为代言人向医生传达动物们的日常状态和变化。毕竟日常能够接近并让心爱的宠物幸福的只有身边的主人。

同时，医生需要主人提供的信息才能更好地进行治疗。在治疗中，最理想的情况是在共同目标下，主人和医生作为合作伙伴为宠物进行治疗。

医生不喜欢那些相比于猫咪，更优先考虑自己方便的人

🐾 旨在增进宠物主人和医生
相互理解的共享决策（SDM）

在诊室里，许多宠物主人会遇到一些问题，例如无法与兽医顺畅交谈，无法理解兽医的说法，无法清楚表达自己的意愿。这种问题似乎比我们想象的更为普遍，尤其在猫的主人中比狗的主人更为常见。与经常在公园等地方与其他宠物主人进行日常交流的狗主人不同，猫主人往往较少有机会与他人分享知识、信息和烦恼。此外，猫咪的就诊频次也通常比狗少，这可能也是一个影响因素。

事实上，许多医生也在沟通方面感到困扰。作为经常有机会听到医生和宠物主人双方故事的人，我注意到两者之间存在许多的沟通障碍和误解。为了解决这个问题，有一位年轻的医生在所属的兽医沟通研究会上启动了一项名为 SDM（Shared Decision-Making）的新尝试。你听说过 SDM(共享决策) 这个词吗？ 在日语中，这被翻译为协同决策或共享决策。这意味着病人和医务人员共享信息，一起协作，共同确定治疗方案。这在人类医疗界已经是老生常谈的话题，但在动物医疗中，我们希望它能得到更广泛的应用。

SDM 的特点是，它旨在建立一种"双向"的关系，既重视医务人员提供的信息，也重视病人的信息。通过兽医和主人共同学习和了解这一概念，希望能够使主人更积极地参与动物的治疗。

与人类不同，动物无法用语言表达自己。因此，最了解宠物日常情况的宠物主人会成为其代言人，兽医会根据他们提供的信息进行诊断。同时，兽医将通过诊断获取的信息和专业知识传递给宠物主人，与主人共享信息并共同决策，这就是 SDM 的理念。希望这种方式能让主人和兽医都获得益处。

SDM（Shared Decision-Making）

宠物主人

医生

角色：
猫的代言人

掌握的信息：
● 对猫的价值观
● 喂养情况
● 病史
● 预算

角色：
传递医疗信息

掌握的信息：
● 动物医疗知识
（诊断、治疗、
治愈可能性等）

如果将双方的信息结合起来，就能做出更好的决策。

基于伊藤优真医生所著的《兽医医疗 SDM 推进手册》中的内容作图

SDM 的理念就是使兽医与宠物主人共享信息并共同决策

🐾 宠物主人的想法

与宠物主人交谈时经常听到他们说在诊室里感到很难提问。因为在受欢迎的医院里医生总是忙碌，所以他们不敢打扰；有的人则担心如果他们的问题太多，时间过长，会给其他宠物主人带来不便。还有一些人表示，因为解释太过复杂，他们不明白医生在说什么；或者只是因为他们问了一个小问题，医生就显得不耐烦，所以他们就不敢再问了。

另一个例子是，"虽然我知道他不是个坏医生，但他总是皱着眉头，连微笑都没有，我都不敢问他问题。我只好找和我关系好的工作人员帮我问"。这种情况也是我经常听到的。作为接受诊疗的一方，将自己心爱的动物交给医生，主人们的真实想法当然是不想被医生讨厌，也不希望被认为是麻烦的人。

🐾 宠物医生的视角

从另一方面来说，医生也有他们的困扰。尽管他们试图解释，但有时病人并不会完整地听完他们的话。即使他们事先解释了风险，但如果结果并不如客户所期望，客户可能会说"你之前并没有这样说"，从而导致无法继续有效地沟通。

像这样因为一些小的理解偏差或误解，就导致了无法进行有利于动物建设性的对话是非常遗憾的。作为人类，我们可以通过语言表达我们的思想和情感，因此我们应该为了我们可爱的宠物朝着更有效沟通的方向努力。

🐾 利用智能手机来解释你想说的事

当你尝试描述家里的情况，比如猫的咳嗽或者奇怪的叫声，有时候可能难以用语言表达清楚。在这种情况下，建议你使用智能手机或数码相机等设备来录制视频。这通常能为诊断提供很多有用的线索。此外，像无法带到诊所的呕吐物或者寄生虫等，用照片展示也更为直观易懂。

🐾 宠物主人和医生
都应该了解共享决策（SDM）

宠物医生的主要职责是保护动物的健康并拯救它们的生命。为了实现这一目标，直接对动物进行治疗和护理当然是非常重要的，但同时，也需要宠物主人在家中进行药物治疗和护理，以及持续进行定期检查。

然而，每个人都有自己的情况和考量。在某些情况下，即使想要做某件事，也可能真的无法做到。由于宠物主人和医生价值观的差异，对治疗的看法也自然会有所不同。在这样的背景下，最理想的情况是宠物主人能够信任医生并在充分理解的基础上继续治疗。

像 SDM（共享决策）这样的思维方式，即在平等的地位上共享信息，一起参与动物的治疗，是非常重要的，并且我认为这个概念将在未来继续发展。下面，我们将通过一些例子来介绍如何在诊室内避免沟通误区，并提供一些建议和技巧。

🐾 预先准备好你想问的问题

曾经有一位宠物主人拿着一张备忘录来到诊所，我发现备忘录上列出了他想问医生的所有问题。他说自己经常一进入诊室开始交谈就会忘记他想问的问题。也有一些客户带来了一张家人要他问的问题清单。对于这些想要知道的问题，预先整理并带上笔记确实是个好方法。

当你有东西拿在手上时，医生们可能也会变得好奇，他们可能会问："你有什么问题要问吗？" 这样一来，提问就变得更加容易了。如果医生没有注意到，你也可以直接说："我整理了一些想要询问的问题，可以问吗？"不要过于担心，直接提问就好。

😾 当听到不熟悉的词汇时

当你听到专门的术语或难以理解的词语时，你应该立即询问。我记得曾经在向宠物主人解释时被问道："医生，'炎症'是什么意思？"尽管"炎症"这个词在纸上写出来很容易明白，但听到这个词的发音可能会让人感到疑惑。如果突然出现了不熟悉的词汇，那么这个词汇就会成为你心中的疑问，之后的重要谈话可能无法再吸引你的注意力，因此在理解不清时，不要犹豫，直接提问。

虽然医生会尽量用容易理解的语言进行解释，但当他们非常认真时可能会不自觉地使用学术性的词汇。如果你不明白，可以直接说出"我不懂'××'是什么意思"。如果你担心打断别人的话会引起他们的不满，你可以试着举手。

即便如此，有些疾病名称可能仍然很难理解，或者有些内容可能无法记住。在这种情况下，你可以告诉医生你需要做些笔记以便向家人解释，或者你可以要求医生把内容写在纸上。在征得同意后，你也可以使用手机的语音备忘录功能来记录。

与医生进行有效沟通的关键是什么？

😾 可以对医生的诊断提出异议吗？

当然，如果你有异议，一定要说出来。然而，如果你在情绪激动的时候，最好先等情绪冷静下来。例如，如果你的爱猫被诊断出严重的疾病，你可能会因此感到震惊，或者不愿接受这个事实从而失去常态，对医生说出"这可能是个误诊"或者"你确定没错吗"。

即使是经验丰富的医生也可能会因这样的言论而感到受伤。对于医生来说，当检查结果不佳时，他们宣布这个结果也是很痛苦的。如果你的情绪平静下来，变得更加理智后，仍然对诊断有异议，你应该直接要求第二意见。

👤 可以询问从其他渠道获取的信息吗？

现在从互联网或他人那里收集信息是很常见的，所以询问这些信息完全没问题。但是，如果在诊断还没有明确的阶段突然说"我在网上看到……"或"我听朋友说……"，可能会给人一种您不信任医生的解释和治疗的感觉。在这种情况下，你可以说："我有些担心，所以查了一下，网上写的是'××'，是这样吗？"以这种方式表达你的不安，并表示你想听听医生的意见，这样的提问方式会比较好一些。

👤 如何询问关于治疗的详细信息？

当医生开药但没有解释时，你可以询问："这种药是用来治疗什么的？"在进行手术、治疗或给药时，医生应该提供解释。你也可以询问："如果不选择这个治疗，会有什么后果？"或者询问可能的结果。任何治疗都有利弊，使用药物可能会有副作用，这些都是你应该提前知道的。请不要犹豫，应随时提问。

涉及爱猫的健康，你应该直接表达你的需求。但有些人可能会误认为这是在否定医生的观点。在这种情况下，你可以说："我之前在'××'时感到很困扰，我想做／不想做这个，你觉得呢？"等等，把原因说出来，以一种更有说服力的方式表达你的意见。比如，"我之前用这种药时感觉猫咪很不舒服，如果可能的话，我不想再用这种药。"听到这样的反馈，医生也会尽力为你提供其他选择。

🐾 如果在治疗选择上犹豫不决

当有好几种治疗方案可供选择，即使你已经理解了各自的优点和缺点，但仍然无法马上得出结论的时候，可以坦率地表达出需要一些时间来考虑的意愿。可以向医生询问"我可以和家人（或朋友）商量吗？""别人是怎么做的？"，或者是"如果医生您处于同样的宠物主人的立场，您会怎么做呢？"这样的问题作为你决策的参考。

🐾 当因为金钱而犹豫时

如果当天没有带足够的钱，你可以说："我今天只有××元，可以在这个费用范围内进行治疗吗？"对于不是紧急且费用较高的治疗或手术，你可以说先和家人商量再确认，这样也是可以的。将费用问题坦率地说出来，会让医生更容易提出治疗或手术的建议。

🐾 和医生沟通时需要注意什么呢？

许多医生在沟通时会尽量避免使用专业术语。例如，在解释"肺水肿"——肺部积水导致呼吸困难的情况时，有的医生会用"像海绵充满了水的状态"来解释，有的则会用"无法正常呼吸，如同在水中呼吸"的程度来描述情况的严重性。

当你在宠物诊所的候诊室与医生交谈时，医生其实是在和你与动物一起交流。他们需要根据主人提供的信息以及动物的症状和检查结果，来思考如何帮助眼前的动物，考虑有哪些可能的方法，然后在大脑中迅速搜寻自己的知识储备。

　　理想情况下，他们会考虑到忧心的主人，尽可能地使用易懂的语言，以及提供善解人意的说明。但是，当他们全神贯注时，可能会忘记这些，或者没有余力做到这些。在一旁的您可能会想，"为什么他们不选择其他的表达方式呢？"或者，"哦，他们还在全神贯注地处理问题，忽视了宠物主人的感受。"这种感觉不仅存在于新手医生中，甚至有丰富经验的医生也会有此种状况。我们不能奢求宠物主人们理解这一切，但我们希望在得出结论之前，你能尝试进行对话。

　　医生和宠物主人的合作是实现最好的治疗和手术的关键，有助于为动物们带来健康的生活。

😺 想要提出特殊需求时

　　有时候，从别的地方第一次来诊所的人会说，"我之前去的医院是这样做的，我希望这里也能同样这么做。"有些事情我们可以做，有些则不能，但提出要求本身是完全没有问题的。例如，如果你想要用之前医院使用的相同的药物，即使这个药在这里并未常备，也有可能会帮你去订购。但是，如果是其他宠物主人不常用，比较罕见的药物，可能需要你购买一定单位的药物（例如一整盒）才行。

要怎么说才好呢？

医生是否有擅长的或不擅长的治疗领域？是否有犬和猫之间的擅长和不擅长之分？

🐾 基础医疗中的
擅长程度在可以接受的范围内

我们当然希望每一种医疗操作和手术都能熟练掌握，但我想可能每位医生都有他们所擅长和不擅长的领域。在初级医疗机构（独立经营的动物诊所）中，大部分机构并没有像人类医疗那样分为专门的科别，因此医生可能擅长内科，但对眼科可能不太熟悉；或者可以诊疗狗和猫，但对于小鸟和兔子不擅长。但即便如此，对于在这些初级医疗机构中进行的基础治疗，参与的医生也都是受到过一定标准以上的训练和指导的，即使他们在某些领域不太擅长，也并不意味着他们无法完成。对于不擅长的领域或不确定的事情，医生通常会诚实地向宠物主人进行说明。如果有时间，他们可能会进行研究或向擅长该领域的兽医咨询并获得指导。

当治疗进展不如预期，让人担忧时，主人们可以主动询问"这种疾病在猫身上常见吗"等问题。对于罕见的病例，可以咨询是否可以推荐专家或高级别的医疗机构。此外，对于突发的交通事故或需要特定设备进行手术，或是复杂的病例，医生通常会在早期阶段推荐高级别医疗机构。在高级别医疗机构，有专门的认证医生根据其擅长的领域进行诊断和治疗。

🐾 在犬和猫之间存在
擅长和不擅长的差异吗？

肯定有些医生会在对待犬和猫时有所差别。这种差别可能是基于他们过去的诊疗经验，或者他们饲养的是犬还是猫，甚至可能是在大学的实验室和课堂上与哪种动物接触得更多等等的经验。这些经验可能会导致他们对两者产生一些心理差异，但在兽医学的诊断和治疗上则是另一回事。

可能有些医生虽然更习惯处理狗，但也有很多处理猫病例的经验（反之亦然）。所以，我们可以认为对待方式和技能是两回事。虽然我不太了解特殊动物，但在犬和猫的医疗上，我们可以说几乎没有个人差异。

宠物主人的担忧可能不仅仅是关于犬和猫的差异，更可能是医生经验不足所展现出来的不可靠。我记得我工作的第一年，就连在诊室里注射一针都会让我紧张，被问到不确定的事情简直让我害怕得无法忍受。我害怕做错事，特别是在宠物主人注视的目光下。我甚至经历过因为担心被宠物主人盯着，而导致正常情况下应该轻松完成的抽血变得因为紧张而无法顺利完成。从宠物主人的角度来看，他们可能会觉得我不可靠，从而感到不安。

当然，也有些医生虽然经验不足，但他们却天生就能自然地与动物心灵相通，这样的医生通常会受到动物的喜爱，他们也会密切观察动物的行为。

即使有擅长和不擅长的领域，但是在初级医疗设施或在狗和猫的治疗方面，医生的能力都是足够的

在宠物医生的世界里，受欢迎的医生是什么样的？反之呢？

🐾 以病患和宠物为优先的医生

有良好口碑的医生经常会被评价成"不会一意孤行，遇到自己无法处理的情况，会及时向其他医生求助并转诊"。如果不给病人提供适当的转诊，可能会让他们陷入四处求医的困境，或因距离太远而放弃治疗。积极地为患者提供转诊，例如，当病人要求第二意见或高级诊疗时，将他们推荐至本地区的大学医院。又比如，当动物发生交通事故，需要复杂的外科手术，如果自己的医院无法提供，有时也会推荐到省会城市的大学医院。

这些医生会根据需要听取其他医生的意见，或者他们会在平日与其他医生建立起良好关系，以便在没有利益冲突的情况下推荐最合适的医生，这对动物和宠物主人来说都是有益的。

🐾 考虑到动物医疗的整体发展的医生

有的医生会积极参与信息交流，努力提升医院的水平，他们毫不吝啬地分享自己的知识和技术给其他医生。他们也会在深夜抽出时间，作为学习小组的讲师传授知识，或乐意为诊断困难的病例提供咨询和帮助。此外，那些能够平等对待年轻医生的医生也很受欢迎。

批评其他医院的医生不受欢迎

可能有时候宠物身体不适，但是你常去的那家诊所刚好休诊，不得不带它去其他的诊所。在这样的情况下，有的医生会批评原先的动物医院的治疗方式。坦率地说，这样的医生口碑并不好。听到这样的话，宠物的主人也会觉得不愉快。贸然对同行进行批评，并不是一件应该做的事。

兽医的技能水平固然重要，但同时公平对待人和动物，真诚待人的医生才更会受到周围人的喜爱。

以动物为优先考虑的医生和考虑到动物医疗行业整体发展的医生

👣 小动物临床课程的丰富性有所增强

过去的大学课程中，动物医疗主要针对的是家畜如牛、猪、鸡，而不是小动物如狗、猫。但近年来的课程内容已经发生了很大的变化。当然，因为每个大学的教师专业性不同，所以在教学方法等方面会有所差异，但现代的兽医学教科书已经相当充实。与我在大学二年级以上的学习经历相比，课程的科目和课时都有所改变，内容上也有天壤之别。

小动物临床的讲座和实践时间也在增加，还开设了如何与动物交流沟通的课程。

学生在获得兽医资格之前，如果要参与到大学附属医院或其他动物医院的实践活动中，就必须保证他们的知识、技能和态度达到一定的标准。尽管他们还是学生，但既然需要与动物接触，就需要向宠物主人保证这一点。因此，从 2017 年 2 月开始，实施了一种名为"兽医学共用考试"的全新考试。这个考试在四年级结束后到五年级开始前进行，包括一个评估知识和问题解决能力的客观考试 (vetCBT) 和一个评估技能和态度的客观临床能力考试 (vetOSCE)。在后者的考试中，会测试兽医师在动物医疗中的沟通技巧，如打招呼、自我介绍、态度、提问和说话的方式等。在我那个时候还没有这样的考试，大学也没有提供相关的教育，我只能在工作开始后，通过观察前辈们在现场的操作来学习。

兽医学科的宠物医疗教育是否不足？
该如何获得最新的研究和信息呢？

🐾 通过研讨会、讲座、培训等 途径进行的继续教育

　　已经在实际工作场所工作的兽医师也是如此。时代的变化迅速，动物医疗每天都在进步，因此，兽医师无论年龄大小都不能停止学习。

　　全国各地都有学会和研讨会活动，来自全国各地的各个年龄段的人都会参与其中。即使是休息日，也有一些培训课程和讲座，还有一些医生会作为进修医生去大学或二级医院学习。

　　如今，我们还可以通过在线共享图像或视频等数据，所以在遇到问题的时候，很方便向熟识的医生进行咨询。专业的小动物杂志和书籍也已经电子化，可以快速查找。此外，有些著名的医生会提供学习用的在线讲座视频，许多医生都在诊疗时间之外学习，不断升级他们的知识。有些医生甚至在看诊结束后连晚饭都来不及吃就去参加研讨会，让人不禁思考他们何时休息。这种努力，都是源于他们想要挽救眼前生命的心愿。

大学里增加了许多小动物课程，毕业后仍有多种多样的学习机会可以利用

宠物主人

它们可爱，令人疼爱，给我们带来欢乐。猫咪让我们的生活充实而幸福。

然而最终等待我们的，却是疾病和离别的痛苦与悲伤……

请告诉我，其他人是如何面对的呢？

患上丧失宠物综合征（Pet Loss）感到不安

我对 15 岁的爱猫去世后可能

👣 关于爱与丧失宠物综合征

我从事丧失宠物综合征的咨询工作。每次在现场，我都深深地感受到这些动物是如此深受喜爱。每当我听到宠物主人的故事时，我都能感受到他们深深的爱意。人们表达爱意的方式各异：有的人静静地回忆和宠物在一起的时光，有的人泪流满面、言语哽咽，而有的人则因为自己的不足和遗憾而表现出懊恼。每个人与动物的关系，以及与宠物的告别方式，都是独特的。

在动物医院里，我经常遇到一些让人措手不及的情况，会突然面临生命终结的情境，这使我痛苦不堪。尽管我尽力控制自己的情绪，但有时我还是会流泪，或者思考是否还能做得更多。我想这也是很多兽医常有的感触。

虽然在迎接新的宠物或者看到它们生活得很快乐的时候，我们不愿去想这些，但是，离别总是会到来的。我深深地认识到，我们需要心里有所准备，对"早晚要来的离别"有所觉悟，并且要更珍惜每一天。或许，我们在某个时刻真的需要静下心来，好好思考这个问题。

当经历与宠物的离别时，我们会有怎样的感觉，以及我们应该如何面对这种感觉，如何继续生活，我希望通过分享我在咨询过程中从动物和主人那里学到的经验，能够帮助大家稍微减轻一些失去宠物的痛苦。

🐾 如果身心感到不适，
请不要勉强自己，应去医院就诊

　　丧失宠物综合征是每个人在与珍爱的宠物告别后都会经历的反应。有些人可能会感到身体状况的变化，也可能会对自己的情绪、思考方式、行为等产生影响。由于失去宠物的感觉过于强烈，你可能会感到内心的疼痛和困惑，不知所措。我想你可能会感到绝望，好像悲伤永远不会结束，但是，就像我们常说的"时间是最好的疗伤药"一样，大多数人会随着时间的流逝使悲伤得到缓解，感到心灵的创伤正在一点点愈合。

　　但也有可能你会陷入持续的痛苦中。早上起不来床，无法工作，没有食欲，无法入睡等，当生活和身体状况的失调持续时，请不要勉强自己，及时去内科或心理内科咨询。强迫自己去应对可能会导致丧失宠物综合征的情况，你不需要在工作或生活中强忍着不说出你失去宠物的事实，也不需要强迫自己装出平静的样子。在到达极限之前，请向周围的人寻求帮助。

宠物丧失综合征是正常的情绪反应，时间是最好的良药

认为爱猫的死是动物医院的失误，该怎么办呢？

有不少人认为他们的爱猫之死是由于动物医院的原因，这是一个非常痛苦的情况。有些人可能会责怪自己，觉得如果当时没带猫去医院就好了。首先，与家人或朋友分享你的感受，让他们聆听你的心声是很重要的。

在此基础上，如果你仍然认为医院存在问题，并希望从当时的主治医生那里获得解释，那么请先打电话联系医院。向他们传达从哪些情况或过程中，你认为医院存在问题，并询问是否可以再次安排一个解释的时间。此外，建议你不要独自前往，最好和家人或值得信赖的朋友一起去。

在医院直接进行对话时，可以再次查看 X 射线或超声检查等影像资料，并将自己的疑虑在现场直接提出并获得答复。如果仍然无法接受，还可以要求查看病历，并以此为依据征求其他动物医院医生的意见。但请注意，由于动物已经不在眼前，很多事情实际上是不确定的，因此他们可能只能提供参考性的看法。

有些人甚至提到过要求进行病理解剖，但在我个人看来，这对动物来说太残忍了。

🐾 诉讼的选择

如果确信动物医院存在明显的过失，可能会有人考虑起诉。如果决定采取诉讼行动，宠物主人需要自己收集证据，这将耗费大量精力，如果无法承受，可以向专门处理宠物诉讼的律师咨询，寻求他们的帮助和建议。有些案例是主人认为由于动物医院没有进行适当的检查或治疗导致死亡，或是把宠物寄存在宠物医院时发生了骨折，主人起诉动物医院的过失，并获得了全面的赔偿。

然而，和人类医疗相同，证明医疗失误或医疗错误是困难的，你需要坚定自己的决心。在决定起诉之前，有必要再次冷静地考虑医院是否真的有责任。

失去心爱的猫咪是非常痛苦的事情。当分别的悲伤深沉到难以接受时，可能会想要找一个地方宣泄情绪，可能会把责任归咎于医院。也许并不是明显的医疗失误，而是医生和员工的服务态度或言辞让你受伤。或者，一个不致命的小错误始终让您心存芥蒂。即使这些不被认为是医疗失误，医院仍然需要做出改进。因此，传达这些感受是非常重要的。注意到由悲伤产生的情绪存在并感受它，请从这里开始。

如果无法接受，可以考虑诉讼，但请花时间和自己对话后再做决定

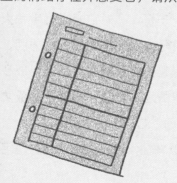

不想让老猫承受治疗的痛苦，
让它顺其自然是主人的失职吗？

"顺其自然"的想法，应该是在各种矛盾与困扰之中挣扎后，最终得出的对爱猫最好的决定。我认为，了解猫咪最深的主人做出的决定应该得到支持。我希望大家不要因此认为自己是不合格的主人。然而，"顺其自然"究竟意味着什么，我们可能需要再次思考。

我们经常听到关于带动物去宠物医院的前一天动物们就开始感到不安的经历。只要拿出携带包，猫咪就会四处逃窜，一直到离开家都是一番苦战。光是去医院，就已经让主人和猫咪都筋疲力尽了，特别是对于老猫，这个过程会耗尽它们的体力。或者在途中，由于恐惧心理导致猫咪不停地尿失禁，这真是令人心疼……在候诊室或者检查室里，猫咪也会发出平时不会发出的焦虑叫声，让人不禁思考，让它们经历这些痛苦真的有必要吗？

对于猫咪的治疗，有许多种选择。例如，发现有肿瘤的时候，如果猫咪年纪尚轻，那么在麻醉下切除可能是最好的选择。但如果猫咪已经年老，无论是身体上还是心理上都会承受很大负担，于是，"对它们进行手术太过残忍，所以不做手术"这样的选择也存在。另一方面，有些主人会选择对那些已经长大或是被猫舔到自我破裂的肿瘤进行手术。他们的理由是不想让它们全天佩戴防止它们舔伤口的伊丽莎白项圈，这样太难受了。

如果食欲下降，体重减轻，你是否会认为这是因为老年期而无可奈何？因为去医院检查会让它们受苦，所以你会选择什么都不做吗？或者，你会选择做一次必要的检查，然后根据情况选择合适的治疗方法吗？

对于常见于老年猫的肾衰竭，是否选择需要住院的静脉输液，或是选择皮下输液、饮食疗法、药物治疗等治疗方式呢？如果血液检查结果并不会改变治疗方式，是否会选择减少检查的次数呢？

兽医提供的治疗方案会根据疾病状况和进展情况而变化。我们需要确定是不做任何治疗，还是只做部分治疗，我们需要确定到什么程度进行治疗。如果是因为喉咙疼痛导致食欲下降，那么可能通过给予止痛药等方式来改善，让猫咪可以重新进食。即使它们非常害怕就诊和注射，但是在症状严重的时候，仍然选择注射可能可以维持它们的生活质量。由于每个主人对"自然"的理解不同，因此与医生深入交谈，从各种选项中找到最符合自己和猫咪的"自然"方式才是最重要的。

希望每个家庭都能找到「顺其自然」的方式

不积极治疗并不等于放弃，

一直持续治疗到最后是错误的吗？
它会让我家的宝贝感到幸福吗？

😺 不要用人类的标准来衡量

面对宠物难以康复的疾病或高龄导致治疗效果难以预期的情况，所有的选择权都交给了主人。要不要继续治疗或投药，要不要进行强制喂食，要不要带到医院……每位主人都会在他们认为的可能的条件下，选择他们认为对猫咪最好的方式。但即便如此，生命还是会走到尽头。在那样的时刻，很多主人都会为自己的选择感到后悔。

在生命的末期，猫咪可能会停止进食。有些主人会认为不吃东西可能意味着它想放弃生命……但这样的思维是人类的。小动物们并不会担忧未来，也不会去思考生存的意义。当我们开始用人类的思维方式来思考它们时，就会变得痛苦，无法做出冷静的判断。请以更简单的方式思考动物的情况。它们身体的某个地方出现了问题，导致暂时无法进食。相反，如果它的身体恢复到可以承受的状态，它还是会吃东西的。当动物因为身体状况不佳而不能进食时，我们应该优先考虑如何为它提供帮助。

😺 由猫咪决定的，
与主人相处的时光

无论猫咪多么不喜欢去医院，多么讨厌服药，但是只要能持续摄入营养、持续服用药物，它的生命就可以得到延续，这是毋庸置疑的。

而这多出的生命时光，不仅对主人而言是宝贵的，对于动物本身也是无可替代的。即使身体已经不能按照自己的意愿灵活运动，但直到离开的那一刻，它们一定还是渴望被全心全意地照顾和看护。"谢谢你一直陪伴在我身边，谢谢你不放弃并一直照顾我。"它们心里一定是这么想的吧。

　　我认为，与猫咪的相遇并不是主人决定的，而是猫咪决定的。因为猫咪选择了我，所以我们才能相遇，这样想，心情是不是有所不同？请坚定地接受这样的想法：猫咪来到你家，是因为它感受到了幸福。

你的猫咪是幸福的，因为它从心底感受到了你对它的珍视。

变成王子的"贡塔"

来自宠物医生的目击：
温馨的猫咪故事

在动物医院工作，几乎每天都能见到可爱的小猫咪。虽然动物医院中总是发生各种复杂的事情，但只要看到这些面部表情和性格各异的小猫咪，心情就会得到舒缓，感到一丝温暖。

有一天，有人带来了一只看起来呼吸困难的流浪猫。经过检查，发现它胸腔内积满了脓液，使得肺部无法充分膨胀，处于临近死亡的状态。身上各处都是伤痕，看起来可能是与其他猫咪打斗所留下的。

从那之后，它开始了漫长的住院生活。起初由于高烧，它连软粥都无法进食，病情十分严重，但很快它就恢复过来，出院后被一个慈爱的家庭收养，并被他们取名为"贡塔"。它在医院住了差不多一个月，我记得它出院那天我感到非常的寂寞和不舍。

贡塔的新家中有两个小学生姐妹。后来，这两个小女孩带着它再次来到我们医院，它身着红色的格子衣（可能是手工制作的），脖子上挂着领带，看到这样的场景让人感到非常温馨。贡塔已经完全变成了她们家的小王子。在候诊室等待的时候，它总是显得十分自信。每次来到医院，贡塔的体重都在增加，而在检查台上，它总是显得非常开心，到现在还是令人难忘。

看到曾经处于濒临死亡状态的猫咪现在在一个幸福的家庭中过得如此快乐，心中充满了温暖。

当然，我们还会遇到其他各种各样的猫咪。

●公猫"土土"在检查台上每次都会发出咕噜咕噜的声音，有时候声音大到医生都听不见听诊器的声音。"我从没见过这么喜欢咕噜咕噜叫的猫！"为他检查的医生开心地笑道。

●有时候老猫"托奇"会带着屁股上粘连的粪便来到诊室，当医生在检查台上把粪便取下来的时候，托奇就会大怒。医生会说："我只是帮你取下便便而已嘛！"这已经成了一种惯例，每次看到这一幕都会觉得很有趣。

●医院不仅接待猫狗，还有鸟儿。有一天，等待室里有一只猫和一只鹦鹉（一种聪明的大型鹦鹉）。当猫咪开始叫的时候，鹦鹉就会模仿它的叫声。猫咪不知是被吓到还是很高兴，开始和鹦鹉对叫。候诊室里一时响起了一场猫咪和鸟儿的"喵喵"对决。

●有一天诊察结束后，一只叫作"吉太郎"的猫咪的主人告诉我们，医院寄出的邮件上收件人名字被误写为"金太郎"。我们向其致以歉意，但他并没有生气，只是说一个字的不同就可以改变整个印象。顺便说一句，吉太郎是一只母猫。

离开小动物临床现场已经两年了……现在，我主要的工作是作为咨询师和宠物主人或动物医院的工作人员交流沟通。在这本书中，我最想传达给各位主人的是希望大家更多地去动物医院，去寻找与爱猫相处得好的兽医，以便能够长期地陪伴爱猫。

2007 年我开始提供咨询服务的时候，有很多主人拿着猫咪的血液检查结果希望我给予详细的解释，或者是带着 X 射线片来询问实际情况有多糟糕等等。当时的我不禁开始思考：这些都是在诊室里可以直接向医生提问的问题，为什么他们没有这样做呢？宠物医院应该是一个宠物主人和医生可以平等交流的地方。如果感到疑惑却不能轻松地提问，那么自然也就无法放心地把宠物托付给他们了。我自问，作为一名宠物医生，我和宠物主人们的沟通是否顺畅？答案是：不完全是。即使到现在，我也仍然有很多需要反思的地方。

在本文中，我提到了 SDM（共享决策），对于和我们一起生活的猫咪，无论多么微小的问题，我都希望你能咨询宠物医院的工作人员，与他们一起找到最佳治疗方案。猫咪的生活质量可能会因为宠物主人的一个小行动而发生改变。我希望大家能减少"要是我早点知道就好了"或"要是当时那样做了就好了"的后悔。对于不能说话的动物们，请勇敢地代替它们与医生进行充分的沟通。

为了爱猫，和医生积极交流

去年，我有缘分又收养了一只流浪猫，距离上一只已经过去了几年。这是我人生中的第七只猫。

当它还是一只小奶猫的时候，我总觉得是我在照顾它，但一年过去了，我发现其实更多的是我在依赖猫咪。看着它们安心入睡的模样，我会被一种奇妙的平和与温柔的情绪所感染。在日复一日的忙碌生活中，它们让我重新意识到了那些容易被遗忘的温柔和爱。写这篇后记的时候，我非常高兴能将这本书传递给那些珍视和爱护猫咪的人们，非常感谢您拿起这本书来阅读。

最后，我想特别感谢所有在百忙之中帮助我完成这本书的大学同窗和同事们。特别是为我提供了关于 SDM 资料的伊藤优真医生，谢谢您。同时，也要感谢给我这个机会的粟田佳织女士、编辑部的宫田玲子女士、为我们提供温暖插画的插画家玉惠，以及负责这本书温馨、易读设计的广田萌女士和宫胁菜绪女士。你们在整个过程中一直支持着我，衷心感谢。

与猫咪共度的时光让我的人生变得更加丰富。希望能够与它们一起度过更长久的时间，哪怕多一天都好。

——宫下广子